Rodolfo Morales

Informe sobre el departamento de Zacapa y Guatemala: Lugar de los bosques

GRIN Verlag

Bibliografische Information der Deutschen Nationalbibliothek:

Die Deutsche Bibliothek verzeichnet diese Publikation in der Deutschen National-
bibliografie; detaillierte bibliografische Daten sind im Internet über http://dnb.d-
nb.de/ abrufbar.

Imprint:

Copyright © 1999 GRIN Verlag GmbH
Druck und Bindung: Books on Demand GmbH, Norderstedt Germany
ISBN: 978-3-656-35393-5

Ciudad de Guatemala, 14 de febrero de 1999

Informe sobre el departamento de Zacapa

y

Guatemala: lugar de los bosques

Por Rodolfo Morales M.

Informe sobre el departamento de Zacapa

"La palabra Zacapa significa "sobre el río de yerba", procediendo de las voces mexicanas **zacatl**, zacate o hierba y **apán**, en el río".[1]

"El decreto de la Asamblea Constituyente del 4 de noviembre de 1825 menciona a Zacapa unida al departamento de Chiquimula. Se separó de Chiquimula por decreto número 30 del 10 de noviembre de 1871".[2]

Aspectos generales

El departamento de Zacapa se encuentra situada en la zona de Oriente del país, ubicación compartida por los otros tres departamentos de Chiquimula, Jalapa y Jutiapa. Sus límites encuentran al norte a los departamentos de Izabal y de Alta Verapaz; al oeste a El Progreso; al sur a Chiquimula y Jalapa; y al este a la República de Honduras. La extensión del departamento de Zacapa es de 2,690 kilómetros cuadrados.

La ciudad principal, llamada cabecera departamental, recibe el nombre de Zacapa y de acuerdo a proyecciones para el año de 1,995, está habitada por 158,657 habitantes. Se alza sobre una altura de 184. 69 metros sobre el nivel del mar, celebrando su feria titular del 4 al 9 de diciembre.[3]

La parte norte es montañosa, atravesándola la Sierra de las Minas; el sur está recorrido por cadena de montes y cerros aislados, separados por hondonadas más o menos profundas. La parte central es recorrido por el río Motagua, habiendo formado un valle longitudinal, el cual tiene un ancho variable a través de su recorrido. Tiene un área semidesértica que se está reintegrando a la agricultura por medio de la irrigación. El principal río es el Motagua, aunque hay riachuelos y quebradas que riegan su suelo.

El clima del departamento es cálido y seco. La agricultura se practica principalmente en las zonas regables o "vegas". Los productos de tierra fría son

---

[1] **Prensa Libre**. *Zacapa. Conozcamos Guatemala*. Página 3.

[2] **Prensa Libre**. *Zacapa. Conozcamos Guatemala*. Página 5.

[3] **Piedra Santa, Julio.** *Geografía Visualizada*. Página 2 *y 3*.

escasos y la mayor parte de la población se dedica a la ganadería. Los productos lácteos de Zacapa gozan de merecida fama en todo el país.

Atraviesan el departamento las Rutas: al Atlántico o CA-9 y 20. La vía férrea atraviesa su territorio, partiendo de su cabecera un ramal que conduce a la frontera con El Salvador.[4]

Las características generales del departamento se ilustran en la siguiente tabla. Vemos que se trata de un territorio mediano, formado por las extensiones de diez departamentos. La elevación sobre el nivel del mar es muy baja. A excepción de La Unión y San Diego, todos los municipios se encuentran apiñados alrededor de la cabecera departamental. Por ende, las distancias a la capital de la República son muy similares. Con respecto al clima, llama la atención que el único municipio de temperatura semicálido, Usumatlán, no coincide con la elevación sobre el nivel del mar.

ASPECTOS GENERALES DEL DEPARTAMENTO DE ZACAPA					
Municipio	Extensión km2	Elevación S.N.M.	Distancia a cabecera (Km.)	Distancia a la capital (km.)	Clima
Zacapa	517	220	--------	147	Cálido
Cabañas	49	230	35	137	Cálido
Estanzuela	66	195	9	142	Cálido
Gualán	696	130	35	168	Cálido
Huité	87	305	32	121	Cálido
La Unión	211	880	69	202	Cálido
Río Hondo	422	185	19	137	Cálido
San Diego	112	640	77	197	Cálido
Teculután	273	245	28	121	Cálido
Usumatlán	257	230	37	114	Semi cálido

Fuente: Instituto Geográfico Militar. Ejército de Guatemala

Del siguiente tabular se observa la vocación agrícola del departamento de Zacapa, con mucha siembra para el consumo familiar. La incipiente industria popular del departamento se trata de artículos de origen campestre y de procesos poco automatizados. Es extraño observar que en sólo tres plazas - Zacapa, Gualán y

---

[4] **Piedra Santa, Julio.** *Geografía Visualizada.* Página 18.

Teculután – se cuentan con días de mercado, sin embargo, la explicación radica en que la población indígena casi ha desaparecido.   Los primitivos habitantes de la región fueron los Chortis, casi extinguidos en la actualidad. Un fenómeno de primera magnitud y repetido en todo el país, es la calendarización de la fiesta (feria) patronal en todos los municipios. Esta costumbre data de la Conquista y es una oportunidad para que las comunidades celebren su vida con actividades religiosas, sociales, culturales y exposiciones agrícolas.

ACTIVIDADES ECONOMICAS Y CULTURALES EN LOS MUNICIPIOS DE ZACAPA					
Municipio	Cultivos	Industria	Lengua Indígena	Día de mercado	Fiesta y patrón
Zacapa	G.B.*, tabaco, pastos	Puros, curtiembre y lácteos	----------	Jueves y domingo	Inmaculada Concepción 8 de dic.
Cabañas	Tomate, yuca, tabaco	Sombreros de hilama	------------	--------------	San Sebastián 19 de enero
Estanzuela	G.B., pastos	----------	------------	--------------	Santa Cecilia 22 de nov.
Gualán	Café, tabaco, maíz	----------	------------	Permanente	San Miguel Arcángel 8 de mayo
Huité	G.B.	-----------	------------	--------------	Carnaval fiesta móvil
La Unión	G.B. café	-----------	--------------	------------------	Hermano Pedro 25 de abril
Río Hondo	Arroz, frutas, maíz	Alfarería y jarcia	--------------	--------------	Virgen de Candelaria 26 de febrero
San Diego	G.B. maicillo	-----------	----------------	--------------	San Diego 12 de nov.
Teculután	Tomate, caña de azúcar, frijol	Panela	------------------	Permanente	Virgen de Candelaria 2 de febrero
Usumatlán	Plátano, frijol, tomate	------------	------------------	-------------------	San Juan, 24 de junio

Fuente: Instituto Geográfico Militar. Ejército de Guatemala

*G.B. significa producción de granos básicos

El río Motagua está entre los más importantes de la cuenca Atlántica. Nace en el municipio de Chichicastenango con el nombre de río Selapec. Después recibe el nombre de Motagua o Grande, hasta Usumatlán, y de aquí hasta su desembocadura se llama río Motagua. Sirve de límite entre Quiché y Chimaltenango, Baja Verapaz y Guatemala y atraviesa los departamentos de El Progreso, Zacapa e Izabal; asimismo, sirve de límite en corto trayecto entre Guatemala y Honduras, desembocando en la bahía de Omoa. Tiene una extensión de 400 kilómetros y es navegable por pequeñas embarcaciones en cerca de 200 kilómetros, desde Gualán hasta su desembocadura. Tiene numerosos afluentes de los cuales el principal es el río Hondo, importante porque las fuerzas de sus aguas se utilizan para mover la planta eléctrica de la ciudad de Zacapa. Desde sus orígenes se precipita torrencialmente en cañadas profundas pero a la altura de Gualán su curso es más suave y sus aguas pueden ser utilizadas para irrigación. Aquí su profundidad es de 2 a 5 metros y su anchura media de 60 metros.[5]

En Zacapa se localiza uno de los únicos tres puertos fluviales del país, en Gualán se construyó un atracadero para botes de pequeño calado. [6]

En el departamento del Oriente de la República se explotan algunos minerales, destacando por su valor y el volumen de la actividad, el mármol. También se han trabajado yacimientos de manganeso, cromo y fluorita.[7]

Zacapa cuenta con sitios arqueológicos de primera línea. Las excavaciones en Estanzuela sacaron a la luz esqueletos completos de animales prehistóricos. Asimismo se han encontrado restos mayas en los complejos de Sunzapote, Río Hondo, La Vega de Cob, Guijo y Cabañas.[8]

La fauna y flora es considerable. Cuenta con mamíferos como ardillas, tigrillos y jaguares. Estos últimos eran muy apreciados por los mayas y utilizados por los reyes y sacerdotes para sus principales ceremonias religiosas.[9]

---

[5] **Piedra Santa, Julio.** *Geografía Visualizada.* Página 26.
[6] **Piedra Santa, Julio.** *Geografía Visualizada.* Página 32.
[7] **Piedra Santa, Julio.** *Geografía Visualizada.* Página 37.
[8] **Piedra Santa, Julio.** *Geografía Visualizada.* Página 41.
[9] **Piedra Santa, Julio.** *Geografía Visualizada.* Página 43.

Turismo

La aridez del paisaje, contrasta con el verde tropical de los cultivos de la región oriental del país. La gente y las costumbres de esta región son muy particulares. La cabecera departamental, Zacapa, está situada a 146 kilómetros de la capital y es famosa por su iglesia parroquial, denominada San Pedro Zacapa, así como por los baños de aguas termales de Santa María, ubicados a poca distancia de la cabecera, rumbo norte. Estanzuela, ubicada a nueve kilómetros de Zacapa, es famoso por sus bordados hechos a mano, así como por el Museo de Paleontología, Arqueología y Geología, que contiene grandes esqueletos de animales prehistóricos, piezas y fragmentos de cerámica y monolíticos arqueológicos. Todo el material que posee este Museo proviene de Estanzuela, sus alrededores y de la zona nororiental de Guatemala. Cercano al poblado de Teculután se encuentra el balneario de Pasabién. Alimentado por el río del mismo nombre, las aguas bajan de la Sierra de las Minas y nutre al área recreativa con corrientes de una temperatura significativamente más fresca que la del cálido entorno.[10]

El territorio del departamento de Zacapa cuenta con una superficie de 2,690 km^2 habitada por una población de 158, 657[11]. De tal manera que la densidad se sitúa en 58.98 habitantes por kilómetro cuadrado.

Uso del suelo

Se considera como tierra no aprovechable toda la extensión ocupada para Tráfico, Tránsito y Calles. Una alta proporción de este cómputo corresponde a carreteras, caminos municipales y conexiones entre pueblos y aldeas, más que contabilizar las calles internas de las poblaciones y ciudades. En el departamento de Zacapa se cuenta con 161.39 km^2 que representa 6.4% de tierras no aprovechables.

Se registra como territorio aprovechable, no agrario a las zonas urbanas, espacios urbanos, urbanizables. Por tanto, de acuerdo a la clasificación del INFOM correspondería a las áreas de Recreación, Residencial, Institucional, Bodega Industria y Comercial. En este rubro se totalizan 946.34 km^2 que acumulan 35.07 % para las tierras aprovechables, no agrarias.

---

[10] **Instituto Guatemalteco de Turismo.** *Guatemala. Magia, sonrisas y color.* Página 31.
[11] **Instituto Nacional de Estadística.** *Censo de Población para la República de Guatemala, 1987.*

El área destinada para actividad agraria comprende las superficies de Cultivos, Bosques Barranco y Tierras del Estado. Se debe hacer la salvedad, que en esta clasificación se incluyen todos los fenómenos geográficos como ríos, lagos, lagunas, montañas y volcanes. En suma, un total de 1,574.47 km^2 para reunir un 58.53% de tierras aptas para la actividad agrícola en el departamento oriental.

Uso de la tierra en el Departamento de Zacapa		
USO	**AREA km^2**	**%**
Cultivos	469.41	17.45
Bosque barrancos	746.48	27.75
Tierras del Estado	358.58	13.33
Recreación	115.67	4.3
Residencial	550.91	20.48
Institucional	128.31	4.77
Bodega Industria	90.92	3.38
Comercial	60.53	2.25
Tráfico Tránsito	41.96	1.56
Calles	119.43	4.44
TOTAL	2,690	100

Fuente: Municipalidad de Guatemala. Metrópoli 2,010.

Cooperativas

Las cooperativas existentes en el Departamento de Zacapa cubren las actividades agrícolas, comerciales y financieras.

Sin embargo, la mayor parte se limitan a trabajar para las federaciones y para las comercializadoras agrícolas que obtienen los mayores dividendos al exportar los productos y las materias primas. El resto de las cooperativas se restringen al mercado interno, sin enriquecer su actividad por la vía de los servicios. Como puede establecerse en el tabular siguiente su cantidad es muy limitada.

COOPERATIVAS EN ZACAPA
Cooperativa Agrícola Café y Servicios Varios. La
Cooperativa Agropecuaria Regional de Servicios,
Cooperativa CARSVO, Teculután
Cooperativa de Ahorro y Crédito, Teculután
Cooperativa de Ahorro y Crédito Integral, Gualán
Cooperativa Integral de Ahorro y Crédito, Zacapa
Cooperativa de Ahorro y Crédito, Gualán

Fuente: Servicios de Información Telefónica de Guatemala. 1,997[12]

Las federaciones agrícolas son entidades centralizadas que funcionan en la ciudad capital y juegan un papel de intermediarios entre las cooperativas y los mercados de volumen. Las dos tabacaleras de Guatemala realizan una labor similar al de las federaciones. De la misma manera, el Instituto Nacional de Cooperativas – INACOP – además de sus funciones reguladoras y formativas se dedica al acopio, al intercambio y a la colocación de los productos.

FEDERACIONES RELACIONADAS CON EL AGRO ZACAPANECO
Federación de Cooperativas Comerciales y Agrícolas de Guatemala FEDECOCAGUA
Federación de Cooperativas Agrícolas de Guatemala
Federación Guatemalteca de Cooperativas de Consumo, RL (FEDECCON)
Tabacalera Centroamericana S.A., Boca del Monte
Tabacalera Nacional S.A. Capital
Instituto Nacional de Cooperativas, INACOP

Fuente: Servicios de Información Telefónica de Guatemala. 1,997

---

[12] **Guía Activa.** *Sección Departamental. 1,997.* Página 629.

Sociedades agrícolas

Aunque la información más reciente disponible data del año 1,997, la panorámica que se puede apreciar del desarrollo económico del Departamento de Zacapa muestra una clara orientación hacia las tareas agrícolas. Se podría anotar que alrededor de este núcleo se generan el resto de empresas.

Como es común de áreas como Zacapa, las organizaciones agrícolas por excelencia son las fincas familiares, aplicadas al cultivo y comercialización de los productos del lugar. Se podría establecer que la mayoría, sino la casi totalidad, de las sociedades agrícolas encajarían en esta clasificación. A partir de la propiedad familiar, originada en la compra y posterior herencia de las tierras, se erige la explotación sin mayores formalidades. Sin embargo, cumplen con el registro inmobiliario y son sujetas de tributación.

En el renglón agrario, se nos presentan algunas firmas modernas dedicadas a la distribución de azúcar, madereras, desarrolladoras de semillas, veterinarias, la cadena total de organizaciones en el negocio del café, químicos agrícolas, y fertilizantes.

El sistema de explotación de las fincas familiares tiende a la concesión de parcelas a trabajadores. El sistema de comercialización de estos productos agrícolas es a través de los días de mercado de cada municipio.

Como apoyo a la población de esta zona se agrupan agroexportadoras, bancos, la licorera más grande del país, fábricas de alimentos y bebidas, bodegas, importadoras.

Desde el punto de vista comercial, el municipio más desarrollado es el de Zacapa, por encontrarse allí la cabecera departamental con su gobernatura. El municipio de mayor progreso es el de Gualán, seguido en similares situaciones por Estanzuela, La Unión, Río Hondo, San Diego y Teculután. Como lo ilustra el tabular de la siguiente página:

Sociedades Agrícolas del Departamento de Zacapa	
Distribuidora Azucarera S.A.	Estanzuela
Procesador Ind de Madera S.A.	Estanzuela
Semilla Verde S.A.	Estanzuela
Agroveterinaria El Establo	Gualán
Beneficio de Café la Unión	Gualán
Café Tostaduría Orquídea	Gualán
Inversiones Agroveterinarias	Gualán
Agrícola El Bejucón S.A.	Gualán
Cafetalera Internacional S.A.	Gualán
Inversiones Río de Plata S.A.	Gualán
Exportadora La Unión S.A.	La Unión
Agro Exportadora San José	Río Hondo
Alimentos Animales El Valle	Río Hondo
Al y Bebidas Atlántida S.A.	Río Hondo
Finca San Diego	San Diego
Agribodegas S.A.	Teculután
Agropecuaria de Oriente S.A.	Teculután
Agroquímicas de Guate S.A.	Teculután
Alimentos Congelados Monte Bello S.A.	Teculután
Alimentos Congelados S.A.	Teculután
Enlatadora Teculuteca S.A.	Teculután
Agroquímicas Integrada de Centroamérica	Teculután
Cultivos y Aprovechamiento Fo	Teculután
Exportadora Importadora Mercan	Teculután
Fertilasa	Teculután
Fertilizantes Santa Marta	Teculután
Finca Los Cocos	Teculután
Maderas Tropicales Maya S.A.	Usumatlán
Maderas Semielaboradas de Guatemala	Usumatlán
Agrifresco S.A.	Zacapa
Banco de la Construcción S.A.	Zacapa
Coagro S.A.	Zacapa
Compañía Agrícola Diversificada S.A.	Zacapa
Maderas El Alto S.A.	Zacapa
Maderas Tropicales S.A.	Zacapa
Productos de la Tierra S.A.	Zacapa
Agencia de Extensión Agrícola	Zacapa
Agroveterinaria Cordón	Zacapa
Banco Agrícola Mercantil	Zacapa

Crédito Hipotecario Nacional de Guatemala	Zacapa
Licorera Zacapaneca	Zacapa
Masegua S.A.	Zacapa
Representaciones Alimentos Congelados	Zacapa
Veterinaria La Fragua	Zacapa

Fuente: Servicios de Información Telefónica de Guatemala. 1,997[13]

En el departamento de Zacapa predomina el acto agrario de una manera rústica. La larga cadena del valor agregado, se reduce aquí a momentos primarios, preparatorios y complementarios; es decir, se centra en la actividad básica de lo agropecuario. Todos los movimientos accesorios se presentan de una manera incipiente. Se podría considerar que tanto la industrialización y comercialización en los niveles modernos todavía es un reto.

Reforma agraria

Al examinar los movimientos de Reforma Agraria, se descubre que el departamento de Zacapa ha permanecido al margen. Por sus complicaciones de aridez y climáticas, la zona ha sido poco afectada por cambios en la estructura de propiedad. En este departamento se mantiene virtualmente intacta la línea de compra y herencia de las tierras.

La puesta en marcha de un reordenamiento de la tenencia y propiedad, con miras a la reforma integral y la modernización de la agricultura deberá tomar en cuenta los siguientes puntos:

* El rendimiento de los principales cultivos.

---

[13] **Guía Activa.** *Sección Departamental. 1,997.* Página 409 a 432.

CAFE[14]	1950 Tons.Met.	Ha	T.M./ha	1964 Tons.Metr.	Ha	T.M./ha
Menor de 0.7 hectáreas				3,736	1,889	1.98
Entre 0.7 y 7 hectáreas	942	298	3.17	39,874	21,264	1.88
Entre 7 y 44.8 hectáreas	12,514	4,791	2.61	40,628	19,116	2.13
Entre 44.8 y 9,000 has.	150,306	69,167	2.17	375,663	118,273	3.18
Más de 9,000 hectáreas	79,749	35,421	2.25	210,168	43,772	4.8
TOTAL	243,511	109,677	2.22	670,069	204,314	3.28

CAFE	Tons.Met.	Ha	T.M./ha
Menor de 0.7 hectáreas	6,473	3,800	1.7
Entre 0.7 y 7 hectáreas	54,359	31,697	1.71
Entre 7 y 44.8 hectáreas	54,151	26,048	2.08
Entre 44.8 y 9,000 has.	445,356	143,168	3.11
Más de 9,000 hectáreas	135,207	43,784	3.09
TOTAL	695,546	248,496	2.8

El café es el principal productor de divisas a nivel nacional, por constituir el primer producto de exportación. Las variedades de café cultivadas en Zacapa son las de pequeña altura para clima cálido y de alto rendimiento.

Por los datos recogidos durante estos períodos observamos que los resultados de las toneladas métricas por hectárea no son regulares, con un alza inicial en 1,964 y un fuerte descenso en 1,979.

Podría asumirse, que una reforma agraria no necesariamente favorecería al café. Con seguridad, procesos similares a los del pasado provocarían fuertes movimientos de inestabilidad a este sector. El caficultor más afectado por este tipo de comportamiento sería el pequeño y el mediano.

---

[14] **Schneider, Pablo R., Hugo Maúl y Luis Mauricio Membreño.** *El mito de la Reforma Agraria. 40 años de Experimentación en Guatemala.* Página 69.

FRIJOL[15]	1950 Tons.Met.	Ha	T.M./ha	1964 Tons.Metr.	Ha	T.M./ha
Menor de 0.7 hectáreas	800	2,100	0.38	187	225	0.83
Entre 0.7 y 7 hectáreas	14,589	48,242	0.30	6,974	11,001	0.63
Entre 7 y 44.8 hectáreas	4,380	16,606	0.26	3,399	5,378	0.63
Entre 44.8 y 9,000 has.	2,174	6,309	0.34	1,746	2,672	0.65
Más de 9,000 hectáreas	800	1,034	0.77	145	179	0.81
TOTAL	22,744	74,291	0.31	12,450	19,455	0.64

FRIJOL	1979 Tons.Met.	Ha	T.M./ha
Menor de 0.7 hectáreas	546	855	0.64
Entre 0.7 y 7 hectáreas	11,177	18,783	0.6
Entre 7 y 44.8 hectáreas	8,166	11,806	0.69
Entre 44.8 y 9,000 has.	5,612	8,324	0.67
Más de 9,000 hectáreas	221	458	0.48
TOTAL	25,722	40,226	0.64

El frijol, junto al maíz, constituyen la base de la alimentación de los guatemaltecos. Cuando se menciona al frijol, se está refiriendo a una variedad de frijol negro que es cultivada a lo ancho y a lo largo del territorio nacional. Su cultivo requiere de poca lluvia adicional a las primeras. El frijol cuenta con la ventaja de ser muy resistente a los cambios climáticos, a las plagas y a otros fenómenos adversos. Los datos que nos muestran los rendimientos en su explotación, tras cambios en las estructuras agrarias en el país, marcan una tendencia general hacia el alza. Inicia con un valor de 0.31 toneladas métricas por hectárea en 1,950; para lanzarse a mas del doble - 0.64 – en 1,964 y 1,979.

---

[15] **Schneider, Pablo R., Hugo Maúl y Luis Mauricio Membreño.** *El mito de la Reforma Agraria. 40 años de Experimentación en Guatemala.* Página 70.

MAIZ[16]	1950 Tons.Met.	Ha	T.M./ha	1964 Tons.Metr.	Ha	T.M./ha
Menor de 0.7 hectáreas	27,195	29,715	0.92	21,738	22,571	0.96
Entre 0.7 y 7 hectáreas	218,658	331,777	0.66	204,021	257,484	0.79
Entre 7 y 44.8 hectáreas	62,009	105,667	0.59	83,665	104,981	0.8
Entre 44.8 y 9,000 has.	36,895	58,213	0.63	41,341	41,020	1.01
Más de 9,000 hectáreas	28,003	24,360	1.15	15,140	11,522	1.31
TOTAL	372,760	549,732	0.68	365,904	437,580	O.84

MAIZ	1979 Tons.Met.	Ha	T.M./ha
Menor de 0.7 hectáreas	36,360	27,806	1.31
Entre 0.7 y 7 hectáreas	249,812	229,533	1.09
Entre 7 y 44.8 hectáreas	178,744	132,849	1.35
Entre 44.8 y 9,000 has.	109,795	83,982	1.31
Más de 9,000 hectáreas	20,275	12,938	1.57
TOTAL	594,985	487,108	1.22

El maíz constituye la base de la alimentación de los guatemaltecos. Los datos que nos muestran los rendimientos en su explotación, marcan una tendencia general hacia el alza. Inicia con un valor de 0.68 toneladas métricas por hectárea en 1,950; para lanzarse a - 0.84 1,964 y casi duplicar en 1,979 a 1.22. Los efectos de las reformas agrarias durante los treinta años – de 1,950 a 1,979 – en los productos básicos alimenticios se perfilan como beneficiosos. Por tanto, si el objetivo de la modernización de la agricultura fuesde dirigida hacia el incremento de los productos alimenticios, las medidas tradicionales serían de beneficio.

---

[16] **Schneider, Pablo R., Hugo Maúl y Luis Mauricio Membreño.** *El mito de la Reforma Agraria. 40 años de Experimentación en Guatemala.* Página 70.

MAICILLO[16]	1950 Tons.Met.	Ha	T.M./ha	1964 Tons.Metr.	Ha	T.M./ha
Menor de 0.7 hectáreas	264	357	0.74	18	19	0.96
Entre 0.7 y 7 hectáreas	7,279	13,656	0.53	1,196	1,372	0.87
Entre 7 y 44.8 hectáreas	2,100	4,422	0.47	596	611	0.93
Entre 44.8 y 9,000 has.	677	1,553	0.44	358	428	0.84
Más de 9,000 hectáreas	37	391	0.09	70	48	1.45
TOTAL	10,357	20,378	0.51	2,212	2,478	0.89

MAICILLO	1979 Tons.Met.	Ha	T.M./ha
Menor de 0.7 hectáreas	111	113	0.98
Entre 0.7 y 7 hectáreas	1,992	2,307	0.86
Entre 7 y 44.8 hectáreas	1,859	1,555	1.2
Entre 44.8 y 9,000 has.	9,923	4,903	2.02
Más de 9,000 hectáreas	17,424	7,829	2.23
Más de 9,000 hectáreas	31,308	16,708	1.87

El maicillo es un producto similar al maíz, utilizado en el forraje de ganados, sobre todo el vacuno. Los datos que nos muestran los rendimientos en su explotación, marcan una tendencia general hacia el alza. Inicia con un valor de 0.68 toneladas métricas por hectárea en 1,950; para lanzarse a - 0.51 1,964 y casi triplicar en 1,979 a 0.89. Por tanto, si el objetivo de la modernización de la agricultura fuese dirigida hacia el incremento de los productos agropecuarios, con énfasis en la ganadería, las medidas tradicionales serían de beneficio.

PAPA[17]	1950 Tons.Met.	Ha	T.M./ha	1964 Tons.Metr.	Ha	T.M./ha
Menor de 0.7 hectáreas	245	81	3.03	523	145	3.6
Entre 0.7 y 7 hectáreas	5,374	1,965	2.74	7,614	2,031	3.75
Entre 7 y 44.8 hectáreas	2,242	864	2.59	2,933	723	4.06
Entre 44.8 y 9,000 has.	455	241	1.89	984	166	5.94
Más de 9,000 hectáreas	19	11	1.73	34	7	4.91
TOTAL	8,336	3,162	2.64	12,089	3,072	3.94

PAPA	1979 Tons.Met.	Ha	T.M./ha
Menor de 0.7 hectáreas	3,184	483	6.59
Entre 0.7 y 7 hectáreas	18,678	2,694	6.93
Entre 7 y 44.8 hectáreas	4,605	633	7.64
Entre 44.8 y 9,000 has.	1,782	233	7.64
Más de 9,000 hectáreas	5,215	1,687	6.49
TOTAL	28,254	4,044	6.99

La papa es un tubérculo que se cultiva en diferentes regiones del país y forma parte de diversos platillos de la cocina popular guatemalteca. Los datos que nos muestran los rendimientos en su explotación, marcan una tendencia general hacia el alza. Inicia con un valor de 2.64 toneladas métricas por hectárea en 1,950; para lanzarse a – 3.94 1,964 y casi triplicar en 1,979 a 6.99. Por tanto, si el objetivo de la modernización de la agricultura fuese dirigida hacia el incremento de los productos alimenticios, con énfasis en el consumo masivo, las medidas tradicionales serían de beneficio.

- Peso de la agricultura en la economía nacional

A principios de la década de los años cincuenta el sector agrícola representaba un tercio del Producto Interno Bruto. La proporción ha registrado una tendencia decreciente hasta llegar al orden del 25% del total en la década actual.

El sector comercio se ha mantenido en un nivel de participación del 26%. La industria manufacturera, por su parte, ha experimentado un aumento constante en su participación, desde 12% en 1950 hasta 16% en los años ochenta.

---

[17] **Schneider, Pablo R., Hugo Maúl y Luis Mauricio Membreño.** *El mito de la Reforma Agraria. 40 años de Experimentación en Guatemala.* Página 71.

La agricultura destaca por ser la principal fuente de divisas por concepto de exportaciones. Entre 1980 y 1985 los productos del campo se alzaron con el 57% del total de las exportaciones del país.

Los ingresos en moneda extranjera se obtienen un 31% del café, el algodón con 9%, el azúcar con 6%, el banano con 5%, el cardamomo con 4% y la carne de res 2%.[18]

- Los movimientos históricos

Las reformas a la tenencia y propiedad de la tierra en Guatemala arranca con la polémica Ley de Reforma Agraria (Decreto 900), promulgada por el gobierno de Jacobo Arbenz Guzmán, el 17 de junio de 1952.

Esta administración basa su mediad en los resultados del Censo Agrícola de 1950: Dicho conteo registró que el 72% de la tierra bajo explotación agrícola estaba en 2% del total de fincas; 15% de la tierra constituía 88% de las fincas. Además, los datos demuestran que existían grandes extensiones del territorio sin ser cultivadas y sin estar incorporadas al proceso productivo nacional.

En un gesto audaz, la administración de Arbenz resuelve la expropiación de latifundios, la repartición a campesinos con poca tierra, el acceso al crédito y educar para incorporar mejoras técnicas de cultivo.

DISTRIBUCION DE TIERRAS POR EL DECRETO 900			
FORMA DE ADJUDICACION	FINCAS*	TIERRAS**	BENEFICIARIOS
USUFRUCTO VITALICIO	1,051 (76%)	718,471 (81%)	75,522 (86%)
EN PROPIEDAD	334 (24%)	166,564 (19%)	12,047 (14%)
TOTAL	1,385	885,035	87,569

*Las fincas se listan por el número repartido y por porcentaje de forma de adjudicación.

**Las tierras se presentan por hectáreas y por porcentaje de hectáreas totales entregadas.

Aunque el Gobierno de Arbenz no resistió la reacción de los grupos conservadores y fue derrocado, el tabular anterior muestra un panorama de las

---

[18] **Schneider, Pablo R., Hugo Maúl y Luis Mauricio Membreño.** *El mito de la Reforma Agraria. 40 años de Experimentación en Guatemala.* Página 7.

medidas que emprendió. Estos cambios fueron irreversibles, al ser respaldados jurídicamente y por contarse con antecedentes en Latinoamérica.

Más tarde se efectuaron variaciones en la legislación. El estatuto agrario, 1954 - 1962 privilegió a la Comunidad Colectiva otorgándole un tercio de las fincas y tierras repartidas y a más de 15 mil beneficiarios.

Con la Ley de Transformación Agraria, promulgada entre 1962 a 1986, surge la creación del INTA. Esta institución es la responsable de ejecutar las transformaciones del agro en el contexto de la industrialización del país.

El FYDEP es creado en 1959 para la colonización del Petén, tierras selváticas al norte del país. Su trabajo era conceder por 24 años terrenos de 583,315 hectáreas (834,811 manzanas) con entregas pico entre 1972 y 1981. Su labor benefició a la propiedad colectiva.[19]

La política de administraciones públicas durante la década de 1,990 giró alrededor de la Comisión Nacional de Tierras, CONATIERRA. Su función era la compra de fincas o ceder fincas del Estado a campesinos.

En la actualidad, el órgano rector de la política agraria en Guatemala es FONATIERRA. Esta institución, bajo la supervisión del Presidente de la República, provee de fondos para el INTA, otorga créditos a pequeños y medianos campesinos.[20]

- Posiciones de grupos políticos

Según el Comité de Unidad Campesina, a principios de la década de los ochenta, fallan agencias de soporte del Estado en la lucha contrainsurgente. El ejército, entonces, reorganiza su estructura y a fin de tener el control implanta aldeas modelo y como parte de esta misma política contrainsurgente, las tierras de las que obligó a salir a la gente son repobladas por otros campesinos que no poseen tierra y que son iguales de pobres que los que huyeron. Se dota a estos pobladores de títulos provisionales de propiedad.

Esto crea un foco de futuros conflictos por la propiedad de la tierra. El Comité de Unidad Campesina describe la situación agraria de Guatemala como un problema de rapartición. Sostiene el CUC que el 2% de la población guatemalteca posee entre el

---

[19] **Schneider, Pablo R., Hugo Maúl y Luis Mauricio Membreño.** *El mito de la Reforma Agraria. 40 años de Experimentación en Guatemala.* Página 7.

[20] **Schneider, Pablo R., Hugo Maúl y Luis Mauricio Membreño.** *El mito de la Reforma Agraria. 40 años de Experimentación en Guatemala.* Páginas 13 a 29..

78 y el 85% de la tierra productiva, tierras que en su mayoría se encuentran ociosas o sin una ocupación adecuada. Esto quiere decir que entre el 15 o 22% de la tierra cultivable restante, se encuentra sujeta a uso por el 98% de la población.

El salario mínimo vigente en 1,984 es de Q10 más la bonificación. En 1,986 se ajusta a Q11.20 por decreto en tiempos de la gestión de Vinicio Cerezo, sostiene. Sebastián Morales, miembro de la Comisión Nacional de Coordinación. Pero el aumento siendo una exigencia, ha afirmado Rosario Pú, delegada ante la Comisión Ejecutiva de la Unidad de Acción Sindical y Política.

Ante estas condiciones, se ha declarado el tema agrario y el aumento del salario en el campo como motivo de lucha de los mismos trabajadores y del mismo CUC, pues la situación económica no es estable.[21]

La Unidad Revolucionaria Nacional Guatemalteca – URNG – ha mostrado una postura similar a la de las organizaciones populares. Partiendo de la mala distribución de la tierra, sugiere medidas de reforma agraria tradicional. La mayor diferencia entre sus recomendaciones, es que hace hincapié en la restitución de tierras que fueron expropiadas por motivos militares en la época del conclicto, 1,967 a 1,997.

POSICIÓN DE LA UNIDAD REVOLUCIONARIA NACIONAL GUATEMALTECA
1)La existencia de latifundios no es precisamente el problema central del agro guatemalteco. El conflicto se genera porque grandes extensiones de las mejores tierras, están en maños de un grupo pequeño que determinan la producción y la productividad del país, y se apropian de todos los ingresos en divisas.
2)Que para recomponer la economía guatemalteca, es necesario que se garantice la unidad de producción y no que se fragmente. Para ello, la Asamblea de la Sociedad Civil (ASC) propuso garantizar las diversas formas de propiedad de la tierra, tanto comunal, como individual.
3) Como bien demandó la ASC, es necesaria la restitución de las tierras comunales, municipales, parcelas, fincas nacionales y áreas protegidas usurpadas y adjudicadas ilegalmente durante los últimos cuarenta años, especialmente durante el enfrentamiento armado.

Fuente: **Centro Exterior de Reportes Informativos sobre Guatemala. 1996**[22]

---

[21] **Revista Reencuentro**. Septiembre - octubre 1,994. Página 5.

- Futuro del agro

En Guatemala, la transformación del sector agrícola es urgente y se debe considerar la tendencia mundial hacia la extensión agraria.

Urge que se agregue a la legislación local el Derecho Agrario Ambiental como el camino hacia la modernización de la agricultura.

La educación es un imperativo que no puede esperar, es necesaria la formación de una nueva cultura en vez de medidas coercitivas. Sólo de esta forma se podrá avanzar en los caminos de la cooperación.

En la ciudad de Guatemala ya operan Juzgados de 1era. Instancia Ecológicos. Sin embargo, esta medida es muy novedosa y de difícil seguimiento en el interior. Se operan esta clase de cargos en elJuzgado de Paz en Zacapa, en una forma incipiente. Para visualizar, el grado de atraso, sólo existe en la cabecera municipal otro juzgado especializado, el Juzgado Militar de 1era Instancia de Zacapa.

Es poco previsible, que en un futuro cercanose instale algún fuero agrario con su unidad de jurisdicción definido y sujeto a procedimientos especiales previstos en leyes generales y reglamentos.

---

[22] *Guatemala: La situación del Agro.* **CERIGUA**. Mayo de 1996. Páginas 29 y 30.

Guatemala: lugar de los bosques

Introducción

El vocablo Guatemala proviene del idioma Nahuatl, que significa tierra de árboles. Quiché quiere decir Qui-muchos y Ché-árboles, lo que significa que nuestro nombre tiene un origen eminentemente forestal, nos explicó el ingeniero, Claudio Cabrera.[23]

El significado va más allá de lo romántico, prosigue. Algunas investigaciones en el Petén muestran que por lo menos una vez a la semana, la gente come carne silvestre en el Petén. Si no hay bosques, no hay fauna y si no hay fauna no hay alimentación de proteína animal.

Edgar Pineda[24] cita al libro sagrado de los cack'chiqueles, "cuenta el Popol Vuh que en los primeros tiempos Corazón del Cielo, ordenó que las aguas que cubrían la superficie de la tierra, se retirarán para formar los mares, los lagos y los ríos. Al retirarse las aguas aparecieron los valles y las montañas y la tierra toda se fue cubriendo de hermosos bosques y de selvas de gigantescos árboles, amarrados con bejucos. Luego Corazón del Cielo ordenó que las serpientes fuesen guardianes de los bejucos, que los pájaros construyeran sus nidos en los árboles y fuesen guardianes de los bosques, como lo ordenó Corazón del Cielo, así se hizo. Y así terminó el gran silencio de la naturaleza, que desde entonces ríe con el agua clara de los arroyos, brincando entre las piedras, canta con la dulzura de los pájaros, llora cuando el viento corre por los bosques y los cañaverales".

Lírica, legendaria, étnica son notas características de la situación de los bosques en Guatemala. Como una etiqueta, el nombre del país señala hacia un destino desconocido e inaceptado por la mayoría de habitantes: la vocación forestal.

En este trabajo se recoge como experiencia central una iniciativa de un grupo significativo de empresarios que asesorados por el maestro de Harvard, Michael Porter sustentan la convicción que en el desarrollo de los bosques no sólo se encuentra el futuro del país, sino que el lugar de Guatemala en el mundo.

---

[23] **Entrevista Claudio Cabrera**. *Situación Ambiental de Guatemala*, Director Instituto Nacional del Bosque.
[24] **Entrevista Edgar Pineda**. *Situación Ambiental de Guatemala*. Consultor en Ecología.

En el proceso Porter, he tenido la fortuna de participar como observador de parte de Cámara de la Libre Empresa desde su inicio en el país. Creo que los altas metas descritas para este proyecto, se compesan por la existencia de valores y recursos de similar peso.

Para equilibrar esta entrega, se incluyen en los anexos dos iniciativas complementarias y de fuerte predominio de factores sociales. En un anexo, aparece el resumen de un trabajo elaborado por un grupo de investigadores de la Universidad de San Carlos sobre los bosques comunales. En el segundo anexo, aparece la transcripción de un artículo de Naciones Unidas sobre agricultura urbana, una posibilidad apenas explotada en el mundo.

Umbral del tercer milenio

"Aparentemente pareciera que no; es decir, que la cuestión agraria ha perdido en nuestro tiempo la actualidad e importancia que siempre tuvo, ante el deslumbramiento de la población humana, por los grandes avances del progreso y la tecnología; ante las magnitudes macroeconómicas en el presupuesto de los Estados y de la vida civil destinados a los otros sectores económicos no agrarios, los cuales eclipsan los de este; y ante la manipulación que los promotores y poderosos del Consumismo ejercen en la vida sencilla y humilde de la mayoría de los ciudadanos".[25]

Vibrantes palabras de una lección inaugural en el mundo académico español sitúan el problema del agro a la luz de nuestros tiempos. Un lugar predominante ocupará la verdad verde, sin importar el progreso ni la complejidad del mundo moderno. En el frontispicio de la Universidad de Friburgo se lee "Primun vivere", como un fundamento vital de la Sociología Rural.

El profesor ibérico Sanz Jarque lo plantea como " el histórico y más amplio tema de la eterna cuestión de la tierra. Su listado de propósitos engloba una lección y una advertencia a la hunmanidad:

- **La tierra** es y habrá de ser, el hábitat o habitáculo, en el que vive y se desenvuelve la vida humana, de todos y cada uno de los hombres de las familias y los pueblos, que importa por ello usar y aprovechar racionalmente en todos los recursos naturales, fuentes del agua, flora y fauna que la misma encierra; así como también conservar y aun regenerar, para sí las generaciones futuras, las cuales inexorablemente y con esperanza nos habrán de suceder.

---

[25] **Sanz Jarque, Juan José.** *El problema agrario en los umbrales del tercer milenio. Neoliberalismo y economía social.* Madrid. 1997.

- Mantener el equilibrio ecológico, esto es el respeto a las normas y naturales relaciones de los seres vivos con su medio, incluido el hombre, es un deber legal sancionado por el derecho positivo de todos los pueblos, que se debe cumplir y hacer cumplir por los ciudadaños y los poderes públicos.

- Lograr que el sector agrario, que el campesinado en su ámbito universal y no solo de nuestro mundo europeo y los estados Unidos de América se nivele profesionalmente a la altura y dignidad de los demás sectores económicos, es un cometido principal en el contenido de la cuestión agraria

- **Y la tierra** es además, en sus múltiples funciones, cimiento y base de lanzamiento del crecimiento económico y del desarrollo de los pueblos. No es posible la consecución de estos sin el previo **ordenamiento del territorio** en que se asienta cada comunidad y sin la realización armónica de las funciones ya enunciadas que la misma ha de cumplir.[26]

Comunidades del campo

No se apaga la voz del estudioso al observar la deshumanización, abandono, anemia poblacional y conflictos de las comunidades del campo. En un vívido panorama nos presenta un listado que dibuja el contraste entre la urbe y lo rural. Triste realidad que es necesario conocer para corregir y llevar a su realización cumbre.

Toda comunidad, como entidad sociológica, está constituida por dos elementos esenciales, un núcleo de población y el territorio en que esta se asienta.

La población rural, de otra parte, ha disminuido alarmantemente, dejando grandes espacios vacíos y desertizándo grandes áreas del territorio en casi todos los países, incluso donde desde siglos había enraizada una gran tradición cultural, rompiendo y perturbando gravemente con ello también el equilibrio ecológico.

Sin entrar en las causas, los grandes movimientos migratorios han hecho que las grandes megalópolis, sobre todo en Asia, Africa y en Iberoamérica, como México, Guatemala, Caracas, Bogotá, Lima, Sao Paulo y Buenos Aires, y en general las grandes poblaciones, incluso nuestras, de Europa y de España, siguiera con matices diferentes, se hayan convertido en refugio de grandes masas de población campesina que de hecho y como modo de vida, ha caído atrapadas en la marginación, la miseria, la pobreza, la droga, las enfermedades, la promiscuidad y la delincuencia, sin modo alguno de ocupación laboral, ni de convivencia familiar estable.

No siempre ha sido así, pues en alguna ocasión nosotros mismos hemos podido decir, que el suburbio era en nuestras ciudades, como la liberación de la esclavitud de la vida rural, más dura y sacrificada en ésta que en aquéllos; mas hoy es evidente, que la desertización del

---

[26] **Sanz Jarque, Juan José.** *El problema agrario en los umbrales del tercer milenio. Neoliberalismo y economía social.* Madrid. 1997.

medio rural y el abandono masivo de la tradición y cultura campesinas ponen en grave riesgo la estabilidad social y política de la vida social, el equilibrio ecológico y la sociedad misma.

A ello contribuyen de otra parte y principalmente, los nuevos sistemas y métodos de ordenación de la Agricultura, con las grandes explotaciones agro-industriales, sin agricultores; la desarticulación del asociacionismo profesional y empresarial agrario, por presión de los grandes interese económicos; y la globalización y el libre cambio de la economía cuando esta se ejerce en abstracto y es dominada, como a veces ocurre de hecho, por super estructuras económicas innominadas o anónimas, esto es despersonalizados, que sobrepasan incluso el poder de los Estados Soberanos.

La deshumanización de la agricultura, por el materialismo económico, bien del capitalismo egoísta, es un hecho, en cuanto que mediante la rigurosa y despersonalizada organización empresarial que imponen, crean una agricultura sin agricultores, sin propiedad ni explotaciones familiares, y sin organizaciones profesionales agrarias que son las que llenan de vida humana, en un progresivo crecimiento y desarrollo horizontal, el espacio y el ámbito rural de los pueblos y países.

Y entre nosotros, aquí en nuestra tierra, es evidente y de notorio público, la precariedad en que viven en general las zonas rurales, principalmente de secano y la montaña, las cuales sufren una continuada corriente de despoblación y envejecimiento, quedándose vacías, lo cual requiere, aun frente a la presión de otros intereses, un acertado y eficaz plan de promoción empresarial y de regadíos, para que mejorando y aumentando nuestras producciones, con capacidad competitiva, es decir con una verdadera promoción empresarial, no solo basada en subvenciones, se cambie el signo migratorio, se asiente y haga crecer la población, potenciando en cada lugar, conforme a sus recursos, el crecimiento económico empresarial y el pleno desarrollo de los mismos.[27]

Fórmulas de esperanza

Lejano a el conformismo con el decaimiento de un sector de la economía tan colorido y de un estilo de vida tan fecundo, los intentos por reavivarlo han proliferado. La batalla por el campo no está perdida porque "hasta en los más desposeídos de la fortuna está vivo el afán de la tierra".

La Reforma Agraria, o mejor, las reformas agrarias, pues siempre son y han de ser una para cada lugar, según las circunstancias de lugar y tiempo, se han manifestado a través de la historia en las tres etapas sucesivas siguientes:

1ª. La de la Reforma Agraria como **reparto de tierras**. Comprende esta etapa, el concepto histórico de la misma, desde todos los tiempos y en todos los países, hasta la terminación de la II Guerra Mundial, por que la tierra ha venido siendo durante siglos y siglos, el principal y casi único medio y modo de vida para vivir el hombre y la familia.

---

[27] **Sanz Jarque, Juan José.** *El problema agrario en los umbrales del tercer milenio. Neoliberalismo y economía social.* Madrid. 1997.

2º. La etapa de las **reformas agrarias integrales** que se promueven e inician por todo el mundo, constituida la ONU y creada por la FAO, al término de la II Guerra Mundial, con el objetivo, no solo de adjudicar tierra, sino de crear empresas agrarias y procurar el crecimiento económico y el desarrollo de las Comunidades rurales, mediante extensión cultural y crédito, formación profesional, asociacionismo agrario, reformas de las estructuras agrarias y urbanización del medio.

3º. "Mode**rnización de la Agricultura**" y en España, en virtud de la Ley 19/1995, de 4 de Julio, "Modernización de las explotaciones agrarias". De modo general son sus objetivos:

1.	Estimular la formación y conservación de explotaciones familiares viables; protección especial de las explotaciones de agricultores profesionales en zona montañosa, incorporar a la actividad empresarial agricultores jóvenes;

2.	Fomentar el asociacionismo; Mejorar la calificación profesional; Incrementar la movilidad del mercadeo de tierras (art.1 y 4; Cap. 4º. y Título tercero; Disposición final 1ª y 2ª);

3.	Diversificar las funciones del agricultor profesional (art. 2.5. Disposición adicional 3ª y 5ª) y fomentar la repoblación forestal (Disp. adicional 31ª).

4.	Por último, la Ley atendiendo lo que es una exigencia universal y generalizada a favor del medio ambiente y el equilibrio ecológico, estimula la repoblación forestal estableciendo "bonificaciones fiscales en la transmisión de superficies rústicas de dedicación forestal" (Disposición adicional cuarta).[28]

Orden económico y social

Flotando en medio de los macrosistemas, el campo ha cambiado de vestimentas según las corrientes dominantes. La experiencia hiostórica exige una respuesta y7 una definición. Sanz Jarque nos señala una serie de combinaciones ideológicas que permiten la supervivencia del agro.

No al estatismo o estatismo derivado del marxismo práctico; y **no** tampoco, al capitalismo salvaje y egoísta, **y también no**, al Keynesismo alentador de los Socialismos liberales, pero contradictorios y corruptos de los últimos tiempos.

---

[28] **Sanz Jarque, Juan José.** *El problema agrario en los umbrales del tercer milenio. Neoliberalismo y economía social.* Madrid. 1997.

<table>
<tr><td colspan="1">Nuestro pensamiento lo sintetizamos así:</td></tr>
<tr><td>• Menos intervención y más mercado</td></tr>
<tr><td>• Propiedad privada, libre empresa y economía de mercado,
cual se desprende de nuestra Constitución (artículos 33-38)</td></tr>
<tr><td>• Extensión horizontal y no vertical de la riqueza, sin espacios vacíos.</td></tr>
<tr><td>• Neoliberalismo y economía social.</td></tr>
</table>

Mas en esto último, una aclaración ¿Qué es la economía social? Es la economía que se realiza mediante las cooperativas, entendiendo que estas son, la primera y más importante manifestación de la economía social, en cuanto se constituyen y rigen bajo los principios de voluntariedad en su constitución, autogobierno democrático en su ejercicio y propiedad privada en los instrumentos de producción y en los frutos, que pertenecen a los socios y a la propia Cooperativa y no a otros.[29]

Se comprende que el Estado deberá apoyar las funciones pragmáticas y las líneas ideológicas que se muevan en la dirección de la promoción del campo. No se puede esperar ver crecer un mundo sin su sistema respiratorio verde a todo vapor.

Tierra de pareceres

El experto Godoy indica que el pino ocarpa y el pino galilea, es decir que el pino que nosotros conocemos por Guatemala, son originarios de esta zona del planeta: Aquí no se valora, quizá el quintal de semilla de pino de ocarpa, certificado pueda costar $ 1,000.00, se usan en más de diez mil proyectos forestales alrededor del mundo pero nosotros simplemente tiramos la semilla, quemamos los pinos y así como eso podría poner infinidad de ejemplos.

Godoy ilustra que Centroamérica teniendo cuatro veces menos tierra que México y dieciocho veces menos que Estados Unidos cuenta con prácticamente el mismo número de especies. Pero, aclara, tenemos más especies endémicas y raras que estos grandes territorios de otras zonas.[30]

Claudio Cabrera explica que la situación geográfica de Guatemala, nos sitúa entre la zona neártica en el norte de América y la zona neo-tropical en Centroamérica. Se supone,dice, que las especies de aves, las especies de fauna y

---

[29] **Sanz Jarque, Juan José.** *El problema agrario en los umbrales del tercer milenio. Neoliberalismo y economía social.* Madrid. 1997.

[30] **Entrevista Juan Carlos Godoy.** *Población, Medio Ambiente y Desarrollo.* 1,999. Guatemala. Consultor Internacional en Medio Ambiente.

de flora, migraron en la última glaciación y se establecieron en Guatemala y México. Entonces por eso nosotros en esta región podemos tener coníferas, que son especies típicas de climas templados como Estados Unidos y podemos tener especies latifoliados como cedro, caoba. Esto explica por qué . tenemos un alto potencial para desarrrollar productos forestales.

Cabrera afirma que como país forestal, Guatemala, tiene una diferencia de altitudes que va desde cero metros sobre el nivel del mar, hasta 4,000 metros sobre el nivel del mar. Lo que permite un sin número de ecosistemas capaces de agregar un sin número de especies. Y por último, añade, somos un embudo y la mayoría de migraciones, tenían que pasar por este centro

Cabrera estima que actualmente los bosques cubren 29% del área total del país. Hay cuatro tipo de bosques dominantes, los bosques latifoliados, que son los bosques como la selva petenera; los bosques de coníferas que son predominantemente bosques formados por especies como pinos, ciprés, pinabete y los bosques mixtos que están integrados por especies de coníferas y latifoliados, y por último en la costa los bosques de manglares. Cabrera ubica a el 57% de los bosques se en el selvático departamento del Petén y junto a el Quiché e Izabal, abarca el 88% de nuestros bosques, que son bosques tipo selva tropical.[31]

Godoy sitúa a Guatemala entre los países del globo que tienen más bosques tropicales. Cuando estas áreas se rodean con una línea café, se obtiene los que se llaman los Centros de Megabiodiversidad en el planeta, que son las más ricas en recursos biológicos.

Es evidente, para Cabrera, que la densidad de población afecta el tipo y la cantidad de los bosques, pero los tres países que salen de la curva que son Ecuador, Guatemala y Brasil son países con fuertes poblaciones indígenas, las cuales han podido guardar algunos de sus recursos forestales.

Para Godoy la deforestación en Guatemala, fue producto de la expansión ganadera en los años setentas., pero fundamentalmente como un instrumento de apropiación de tierra.

Godoy hace un balance entre lo que se pierde y lo que se gana. Hay un promedio anual de bosques plantados y bosques talados, talamos 90 y sembramos 15.

---

[31] **Entrevista Claudio Cabrera**. *Situación Ambiental de Guatemala,* 1,999. Guatemala. Director Instituto Nacional del Bosque.

Godoy considera la destrucción ambiental en América Central como terrible. No solamente la deforestación sino la erosión y el uso de plaguicidas, la pérdida de potencial productivo en las pesquerías nacionales, la calidad del aire en las áreas metropolitanas de éstas ciudades que comienzan a ser megaciudades, son una serie de problemas graves que se afrontan.

Godoy asevera que la capacidad de uso de la tierra para Guatemala, es eminentemente forestal, lo que estamos tirando es dinero, lo que estamos tirando son los suelos del país y las mejores opciones para el cultivo.

Godoy se queja que del 10% de área Centroamericana protegida, apenas se han declarado el 7% y apenas manejamos con deficiencia el 2%.

 Godoy evidencia el problema al destacar que más el 80% de la gente de este país, aún consume leña, y que es más o menos las tres cuartas partes de la energía que consume este país, no es ni energía eléctrica, ni a base de hidrocarburo.

Cabrera sugiere que analicemos, lo que se llama el "streap tease" de América Central. En 1,950 la cantidad de bosques en América Central se estructuraba con toda la costa atlántica de la América Central todavía con bosques tropicales húmedos, la selva o los bosques latifoliados. En 1,970 ya parte de esa cobertura forestal había desaparecido y para 1,985 ya el bosque tropical húmedo de la costa atlántica de América Central, ya casi estaba totalmente en vías de extinción.

Para Cabrera la cultura Maya la agricultura era el elemento fundamental. La agricultura maya era incompatible con los ecosistemas forestales, por lo tanto se deduce que los Mayas, en la época clásica y posclásica deforestaron grandes cantidades en lo que ahora es el Petén.

Cabrera observa que antropólogos y arqueólogos determinaron recientemente que la deforestación en Guatemala, superaba a la actual tasa de forestación en la época clásica maya, de cien mil hectáreas por año.

Para Cabrera a pesar de que la producción de café tiene un componente de árboles, un componente arbóreo, es evidente que para hacer café, hay que destruir casi en la mayoría de los casos, la mayor parte de los bosques.

Cabrera señala que en los años 50 y sobre todo en los años 60, empresas agropecuarias extensivas en las que destaca el algodón, la caña de azúcar, la producción de ganado para carne causaron depredación forestal.

La deforestación en cuanto a volúmenes, estima Cabrera que 30% se da por cambio del uso de la tierra, o sea 30 millones de metros cúbicos, es decir el 62%.

La leña es 17 millones de metros cúbicos con un 35%: La industria de transformación es decir la industria maderera, un millón de metros cúbicos, para el 2% y los incendios y las enfermedades, es casi insignificante de acuerdo a Cabrera.

La deforestación de la década de los 80 para ahora, ha sido obra del Estado. Cabrera iluatra que el Estado invierte alrededor de 260 millones de quetzales en créditos agropecuarios, en los cuales no existe un solo centavo para la producción forestal. El Estado tiene políticas de colonización agropecuarias en suelos de vocación forestal, sin darles a los agricultores elementos para que manejen los bosques. Se han dado a partir de los años setentas hasta la época dos millones de hectáreas, a campesinos sin tierra para que hagan producción agrícola, lo que conlleva a la desaparición de los bosques de la región.

Cabrera se lamenta por los procesos de repatriación de 40 mil guatemaltecos que piensan retornar, y van a hacerlo a suelos de vocación forestal.

Para Edgar Pineda[32] más del 70% de lo consumido es de vocación forestal, sólo para el Petén son 40,000 hectáreas que se deforestan al año.

Pineda es optimista sobre las perspectivas para el año 2,000. Son promisorias en la medida que nosotros como sociedad, como grupo, como nación logremos disminuir, logremos atacar el principal problema que es la creciente población que tenemos en este país. No es un problema de recursos naturales, es un problema de gente, somos mucha gente sobre el mismo territorio, ya no hay tierra, los recursos son escasos, el agua en la ciudad es escasa, estamos produciendo muchos deshechos sólidos, todos comemos todos los días, y todos esto tiene una implicación en el ambiente, todo el mundo quiere tener un auto.

Competitividad del sector forestal de Guatemala

Un proceso de capacitación fue iniciado y dirigido a un grupo de representantes del sector privado y técnicos del sector público, durante el cual fueron seleccionados sectores productivos con miras a identificar y conformar los cluster que permitan, por un lado, conocerlo, y por otro, iniciar un proceso de

---

[32] **Entrevista Edgar Pineda**. *Situación Ambiental de Guatemala.* 1,999. Guatemala. Consultor en Ecología.

mejoramiento continuo de su competitividad, hasta que su aporte al mejoramiento de las condiciones socioeconómicas del país alcancen un nivel sustantivo.

Guatemala seleccionó cuatro sectores con importantes ventajas comparativas y con un importante potencial de desarrollo económico, ellos son: forestal; frutas y verduras congeladas; sector vestuario y textiles; y ecoturismo.[33] El proceso implica la elaboración de áreas de estudio y países para la realización de un taller/congreso nacional para la formación de comisiones permanentes de trabajo y de implementación. Los primeros dos sectores están al final de la fase, es decir, de la elaboración de diagnóstico, mientras que los dos últimos ya se encuentran en la etapa de implementación.

La competitividad, entendida como la capacidad de competir con éxito en el mercado, que desarrolla una nación o unidad económica particular, se alcanza, según Michael Porter de la Universidad de Harvard, bajo tres condiciones: innovación, calidad y capacidad de cambio, bajo la premisa de que la prosperidad de un país no se hereda, se crea.[34]

Es necesario alcanzar mejores niveles de productividad para competir, lo cual no está ligado exclusivamente a fuertes e intensas inversiones de capital, sino a la complementariedad de éstas con la existencia de estrategias propias, la introducción de mejoras e innovaciones, mentalidad abierta de los empresarios, incorporar nuevos métodos para hacer las cosas, búsquedas de nuevos medios para competir, que puede ir desde elaborar un nuevo diseño para el producto, abarcar un segmento de mercado que no ha sido bien atendido, un nuevo proceso de producción, manejo de información estratégica, un enfoque diferente de mercadeo, un mejor servicio al cliente y brindar mejor capacitación para el personal, entre otros.

Para lograr lo anterior es condición que las empresas estructuren su organización de manera que sean fuertes, ágiles y flexibles, y puedan responder rápidamente a las necesidades del cliente.

En el ámbito de país, esto no es un enfoque requerido para empresas aisladas, más bien se trata de que exista una gama de empresas relacionadas que compartan tecnología, destrezas, información, insumos y que a la vez, generen una

---

[33] **Porter, Michael**.. *Dónde radica la ventaja comparativa de las naciones.* Página 14.

[34] **Porter, Michael**.. *Dónde radica la ventaja comparativa de las naciones.* Página 6.

alta rivalidad, una demanda interna y externa agresiva por medio de clientes exigentes, lo cual se define con el término de cluster.[35]

En esta dinámica, todas las industrias relacionadas tienen la necesidad de mejorar en áreas de interés común para incrementar la productividad y elevar el nivel de competencia. A estas interrelaciones, en el marco de la competitividad, se les denomina clusters o conglomerados que logran posiciones ventajosas comercialmente y otorgan competitividad al país.

Un ejemplo de esto es la alta biodiversidad guatemalteca, cuyo potencial, para que se traduzca en beneficios para su propietarios, deben crearse las condiciones de tecnología, recursos humaños, capacidad de negociación, manejo de información y en general ciertas condiciones de política sectorial e intersectorial que potencien su capacidad de producir bienes y servicios.

De acuerdo a Porter, un mejor análisis de la competitividad de Guatemala es posible realizarlo bajo la perspectiva de cuatro aspectos, a saber: la condición de los factores, las industrias conexas y de apoyo, las condiciones de la demanda y las estrategias, la estructura y rivalidad de las empresas.

En lo relativo al cluster forestal, Guatemala exhibe una situación caracterizada por:

- Una alta productividad forestal
- Turnos de cosecha substancialmente menores (25-30 años para coníferas) en comparación para países altamente competitivos como Finlandia y Suecia (mas de 80 años) ubicados en otras altitudes
- Una superficie forestal en pie altamente diversas en términos florísticos (23 especies de coníferas, 26 especies de robles, más de 500 especies arbóreas latifoliadas)
- Una alta diversidad de productos no maderables del bosque
- Una 51% del territorio nacional con capacidad de uso preferentemente forestal
- Una posición geográfica que facilita el intercambio comercial con grandes mercados
- Una población económicamente activa sub o desempleada, con posibilidad de involucrarse en actividades forestales con salarios competitivos.[36]

---

[35] **Porter, Michael..** *Dónde radica la ventaja comparativa de las naciones.* Página 8.

Es importante indicar que el gobierno puede influenciar y ser influenciado por cualquiera de los elementos de competitividad tanto positiva como negativamente. Por ejemplo, en la definición de políticas y asignación de recursos para el desarrollo de infraestructura y educación, fijación de regulaciones y estándares y su relación con la rentabilidad financiera de las actividades económicas; es clara la influencia de la política económica, ambiental y el soporte institucional en el estimulo y desestímulo de la inversión en el sector forestal.

Por su parte, el sector privado debe trabajar para crear un entorno competitivo para el desarrollo del cluster, esto significa, apoyar el desarrollo de infraestructura especializada y empresas de apoyo, establecer estándares altos para proveedores y atraer nuevos, trabajar de cerca con las universidades y centros de investigación, intercambiar información con el Gobierno y apoyarlo en aquellas funciones donde éste, por falta de recursos, tiene limitaciones. La tarea es pues, responsabilidad del país.

---

[36] **Toumasjukka, T**. *Síntesis de la situación del sector forestal de Centro América*. Edición institucional. 1996. Guatemala. AID.

DIAMANTE DE LA COMPETITIVIDAD DEL SECTOR FORESTAL DE GUATEMALA

[(+) aspectos positivos, (-) aspectos negativos, (+- aspectos intermedios)]

GOBIERNO	CONDICIONES DE LOS FACTORES	ESTRUCTURA, ESTRATEGICA Y RIVALIDAD DE LAS EMPRESAS	INDUSTRIA RELACIONADAS Y DE APOYO	CONDICIONES DE LA DEMANDA	CASUALIDAD
+ Ley forestal de promoción	+ Posición geográfica	+ Gremiales activas	+ Asociaciones gremiales	+ Coníferas para mercado tradicional: latifoliadas para mercados de nicho	± Eventos climáticos
+Políticas sectoriales integradas	+ Diversidad climática	- Escasa inversión tecnológica moderna	+ Oferta de insumos	+ Mercados nacionales potenciales	± Eventos sociales y económicos.
+ Incentivos forestales directos	+ Diversidad florística	- Mercado concentrado en pocas especies forestales	?+ Transporte ferroviario	+ Demanda internacional creciente	
+Servicio forestal autónomo	± Infraestructura vial	- Desintegración bosque-Industria	±Suministro de energía	± Información estratégica de mercados	
+Impulso a la competitividad	± Recurso Humano capacitado		± Comunicaciones	- Inexistencia de estándares de calidad	
+ Política de crédito	- Incerteza jurídica de la tierra		- Inexistencia de seguros forestales	- Mercadeo de madera ilegal	
± Legislación ambiental	- Escasa inversión privada				

Uso potencial de la tierra

POTENCIAL DE UTILIZACION DE TIERRAS		
TIPO DE TIERRA	KM. CUADRADOS	%
Primera Clase	9,454	8.7
Segunda Clase	8,532	7.9
Usos Múltiples	11,576	10.7
Para Bosques	45,309	41.9
Reservada	12,338	11.4
Pantanosa	2,625	2.4
Karst (para Bosques)	18,259	16.9
Total	108,092	100.00

FUENTE: AID/Washington y Developmment Associates, Tierra y Trabajo en Guatemala: Una Evaluación..[37]

◆ *Primera Clase*: para cultivos intensivos sin limitación, pendiente 4%; *Segunda Clase*: para cultivos intensivos con escasa limitación (erosión), pendiente 8%; *Usos múltiples*: cultivos perennes, pastos o bosques (limitaciones severas por la erosión); *Para Bosques*; empinados pendientes y suelos erosionables; *Reservada*: suelos caducos y erosionables; superficies muy quebradas; *Pantanosa*: inundados bajo el agua la mayor parte del año; *Karst (para bosques)*: suelos poco profundos con alta tasa de conducción de agua, fácilmente erosionables.

Como se observa en el Cuadro 1, solamente el 16.6% (tierra de primera y segunda clase) de toda la tierra del país puede ser utilizada intensivamente para cultivo, y 10.7% adicional podría ser cultivado con severas limitaciones. Además de ello, 53.3% de los suelos (tierra para bosques y reservada) debe ser utilizada con fines forestales debido a sus altas inclinaciones y suelos erosionables. Por su parte los suelos karst, que representan el 16.9% del total de tierras (contribuyendo el Petén con la tercera parte de su territorio), deben ser manejados con sumo cuidado si se dedican a la agricultura, ya que su verdadera vocación es forestal puramente.

---

[37] AID/Washington y Developmment Associates, Tierra y Trabajo en Guatemala: Una Evaluación.. *Página 24.*

El concepto de sector forestal

El Sector Forestal de Guatemala puede conceptualizarse en términos de un sistema que recibe insumos, genera productos y tiene interacción permanente de tipo económico, social y ecológico de diferentes sectores, a saber: el sector público; el sector privado empresarial y el no lucrativo; los pequeños, medianos y grandes propietarios de bosques; las comunidades concesionarias de recursos forestales y los gobiernos locales, principalmente. Estas interacciones trascienden el sector y requieren de apoyo en sectores como el energético, comunicaciones, financiero, infraestructura, transporte, entre otros. En los procesos de producción forestal, los actores del sector participan en diferentes actividades que integran cadenas productivas, tales como: administración, conservación, aprovechamiento, silvicultura, planificación, transformación y comercialización de productos maderables y no maderables de los ecosistemas forestales.

Las actividades involucradas en la producción forestal son diversas, desde la cosecha de semillas, la producción de plantas, el establecimiento de plantaciones y el manejo de bosques naturales, hasta la fabricación de piezas acabadas, muebles, viviendas, astillas, pastas, cartones, paneles de madera, extractos químicos para la industria y otro amplio número de productos no maderables.

La producción forestal hace del sector forestal uno de los pocos sectores primarios que genera externalidades ambientales y sociales positivos.

El bosque en Guatemala

Guatemala tiene una superficie territorial de 108,889 km2 con un 51% de este territorio con capacidad de uso preferentemente forestal. La cobertura forestal estimada para el año de 1,996 es el orden de los 37,502 km2[38]. De este total un 80.1% (30,176 km2) es de bosques latifoliados, un 6.1% (2,282 km2) de bosques de manglares y el resto de bosques secundarios principalmente dc especies latifoliadas. Un 58% de la cobertura forestal se encuentra en Petén, un 9% en la región de las Verapaces y un 17% en el resto de los departamentos que integran la Franja Transversal del Norte, lo cual suma en estas regiones del país un 84% de la cobertura forestal nacional.

---

[38] **Plan de Acción Forestal para Guatemala**. *Boletín Informativo* No. 1. 1996. Página 3.

La dinámica de la cubierta forestal

Se estima que los bosques de coníferas presentan un incremento medio anual de madera comercial de 5.41 m3/ha y los bosques latifoliados 3.34 m3/ha, lo cual significa un incremento medio anual de estos bosques de 13.1 millones de m3. El 89% de esta volumetría corresponde a incrementos volumétricos de bosques latifoliados y el 11% a bosques de coníferas. De la superficie forestal total de coníferas y latifoliados se estima que 1.5 millones de ha (46%) corresponden a bosques susceptibles de manejo productivo técnico (sin limitaciones fisiográficas y otro factor de fragilidad que limite la producción forestal) y legal (están fuera de áreas protegidas o dentro de ellas pero en sitios cuya categoría de manejo permite la producción forestal), lo cual asciende a un crecimiento anual estimado en 5.6 millones de metros 3, volumen apropiado para poner bajo funcionamiento todo el parque industrial nacional.

Según la FAO (1,997), citado por Plan de Acción Forestal de Guatemala, la cobertura forestal de Guatemala se pierde a un ritmo de 82,000 ha/año, correspondiente a un 73% de bosques latifoliados y un 23% a bosques de coníferas[39]. De mantenerse este ritmo, los bosques del país serán eliminados en 47 años. Las regiones donde se registran los procesos más dinámicos de deforestación son Petén y Las Verapaces, con cifras de deforestación de unas 65,000 ha/año, en cuyo proceso el cambio de uso de la tierra, principalmente para actividades agropecuarias, contribuye en un 90%, los aprovechamientos forestales legales destinados a la industria forestal en un 8% y los incendios, plagas y enfermedades en un 2%, La deforestación ocurre en un 73% para bosques latifoliados y un 23% para bosques coníferos.

Se estima que la ampliación de la cubierta forestal a través de plantaciones forestales ha ocurrido a una tasa que no supera las 1,000 ha anuales alcanzando actualmente un total estimado de 46,300 ha[40]. De este total un 38% corresponde a plantaciones establecidas en el marco del programa incentivos fiscales que funcionan desde 1975 hasta 1995.

El resto corresponde a plantaciones voluntarias (24%), proyectos de inversión públicos o privados (13%) y compromisos de reforestación por autorización de

---

[39] **Plan de Acción Forestal para Guatemala.** *Informe de la misión de evaluación del Proyecto GCP/GUA/007/NET.* 1997.

aprovechamientos forestales (26%). La situación de las plantaciones establecidas bajo esta ultima modalidad es bastante incierta no sólo en términos de registro confiables sino también en términos de la calidad de la misma. Por esta razón el PAFG ha realizado estimaciones sobre el potencial industrial de las plantaciones de Guatemala sobre la base de 32,574 ha correspondientes a plantaciones del proyecto de incentivos fiscales, proyecto de reforestación denominado "proyecto 5,000 ha" y el proyecto privado de "Forestal Simpson". De este total se estima una distribución de 50% de especies coníferas y 50% de especies latifoliadas. Para el primer grupo las especies más importantes son Gmelina arbórea (24%), Eucaliptus spp (14%) y Tectona grandis (4%);   mientras que para el segundo grupo las especies más importantes son el Pinus caribaea (19%), Pinus maximinoi (15%) y Pinus oocarpa (7%).

Las plantaciones se han concentrado en dos polos relativamente importantes, el primero corresponde al de la región de Las Verapaces y el segundo a la región de Izabal. Entre ambos polos se alcanza un total de 21,000 ha.

El contexto nacional

El sector Agropecuario de Guatemala, que incluye a los sectores agrícola, pecuario, forestal e hidrobiológico, hace una contribución al Producto Interno Bruto (PIB) nacional del orden del 25% y representa el 47% del total de las exportaciones del país. El 48% de la población económicamente activa (PEA) esta vinculada al sector agropecuario.

La contribución del sector forestal al PIB nacional es del 2.5% y este representa entre el 10% a 12% del PIB del sector agropecuario. Las exportaciones forestales representan el 1.1% del total nacional.

En el campo energético el sector forestal tiene una elevada importancia, pues la biomasa forestal participa con el 63% en el consumo energético nacional, lo cual representa entre 12-19 toneladas equivalentes del petróleo con un valor de sustitución de 342 millones de dólares. El petróleo y derivados contribuyen con el 28%, los residuos agrícolas con un 7% y las fuentes hidroenergéticas con un 2%.[41]

---

[40] **Plan de Acción Forestal para Guatemala**. *Boletín Informativo* No. 1. 1996. Página 5.
[41] **Toumasjukka, T**. *Síntesis de la situación del sector forestal de Centro América*. 1996. Página 17.

Consumo nacional de productos forestales

Sobre la base del análisis de información de los años 1993 a 1995, se estima que Guatemala consume alrededor de unos 13.6 millones de metros cúbicos de madera, de los cuales un 86% equivale al consumo de madera para leña, 7.5% al consumo de madera para carbón, 5.5% (753,000 m3) al consumo de madera para la industria y el resto para otros usos[42]. Además, se estima que alrededor de unos 11 millones de metros cúbicos se pierden por concepto de los procesos de deforestación, principalmente el avance de la frontera agrícola.

De los 753,000 m3 de consumo industrial se estima que se produce un total de 400,00 m3 de madera, de los cuales un 68% se destina a madera aserrada, 14% a madera elaborada, 8.3% a chapas terciadas y aglomeradas y un 9.3% a manufacturas varias de madera[43].

De este total de consumo y productos forestales un 75% es de coníferas y un 25% de maderas no coníferas. Respecto a las no coníferas, mas del 60% de la madera destinada a aserrín es de caoba y cedro. Otras especies no coníferas utilizadas son el palo blanco (Rosedendron sp) y con valores crecientes la cola de coche (Pithecolobium sp), Santa María (Calophyllum sp) y sangre (Virola sp).

Comercio Internacional

Las tendencias durante los años 1993 a 1995 muestran que Guatemala exporta alrededor de 60,829.23 m3 de madera en rollo industrial, madera aserrada y elaborada, chapas, madera terciada y madera en rollo elaborada, lo cual es equivalente a un 8% del total de madera industrializada y a un 15% de la producción obtenida, De ello alrededor de un 75% es de especies coníferas. El valor de las exportaciones en 1995 fue de US$ 22,512,673.54[44] .

Las importaciones en 1995 en estos mismos rubros fueron de US$6,009,660, lo cual muestra para estos rubros una balanza comercial favorable de US$16,503,013.54[45] .

Por otro lado, la situación de la pulpa y los productos de papel es desfavorable pues la balanza comercial fue deficitaria en US$ 122,055.283. La situación de la balanza comercial forestal global es deficitaria en US$53,587,528.12

---

[42] **Plan de Acción Forestal para Guatemala**. *Boletín Informativo* No. 1. 1996. Página 9.
[43] **Plan de Acción Forestal para Guatemala**. *Boletín Informativo* No. 1. 1996. Página 10.
[44] **Plan de Acción Forestal para Guatemala**. *Boletín Informativo* No. 1. 1996. Página 10.
[45] **Plan de Acción Forestal para Guatemala**. *Boletín Informativo* No. 1. 1996. Página 12.

para 1997. En general, Guatemala mantiene una relación comercial con unos 14 países en exportación y unos 20 países en importaciones. Las cifras anteriores muestran entre otros aspectos una verdadera subutilización del potencial forestal de Guatemala.

CARACTERIZACION DE LA INDUSTRIA FORESTAL NACIONAL
• El 60% se dedica a la transformación primaria de trozas en chapas y plywood.
• El 30% produce madera aserrada, incluidos los productos provenientes de los sobrantes del desarrollo para chapas.
• El 10% restante se dedica a la producción de puertas, casas, tableros, muebles, marcos, moldaduras, otros.
• El 90% de las máquinas tiene más de 30 años de fabricación y el 10% tiene menos de 10 años.
• La disposición de las plantas y de las máquinas, dentro de ellas, muestra que carece de una planificación previa que establezca un flujo económico del material procesado. En la mayoría de los casos la disposición es el resultado material procesado. En la mayoría de los casos la disposición es el resultado de la existencia de espacio físico.
• El 70% de los equipos está sobre o subdimensionado en capacidad, consumo energético y de mano de obra, reduciendo la eficiencia y aumentando los costos (inadecuada selección de equipos).
• Inexistencia de técnicos calificados en procesos productivos y en la elección de equipos y líneas eficientes de producción. La elección de equipos se base en su menor costo, algunas veces usados, sin considerar productividad y rentabilidad.
• Equipo vrs. Dureza de maderas: en algunos casos se requieren afinamientos técnicos, pero en general no hay límites tecnológicos que impidan el uso de maderas duras (> de 0.7 p.e.).

Fuente: Instituto Nacional del Bosque, Boletín Estadístico, marzo 1,997.

Desafíos del sector forestal

La problemática del sector forestal de Guatemala tiene su manifestación mas dramática en la deforestación, cuya tasa anual en 1,997 según la FAO, citado por

PAFG se estima en 82,000 ha por año[46]. Diversos son las circunstancias y los factores que se convierten en la causa de los procesos de deforestación y van desde lo estrictamente técnico hasta lo político, lo social, lo económico y lo cultural. Estas circunstancias y factores trascienden lo sectorial y lo sectorial, lo cual sugiere que las soluciones también deberán considerar la intersectorialidad del problema.

En el ámbito de sector forestal el problema causante de la deforestación y las implicaciones ambientales y socioeconómicas que ello tiene, así como la subutilización de la riqueza forestal, ha sido resumido por Tuomasjukka como el circulo vicioso[47] del sector forestal, caracterizado por los siguientes cuatro factores y circunstancias:

- Limitado aporte contabilizado del sector forestal a la economía nacional, por lo tanto;
- No se considera como un sector importante, por lo tanto;
- No recibe suficiente apoyo político y financiero, por lo tanto;
- No se aprovecha eficientemente el potencial productivo forestal, por lo tanto; el aporte contabilizado sigue siendo limitado (primer punto).

Cada uno de estos factores y circunstancias del circulo vicioso esta integrado por diversos hechos que matizan el problema, algunos de los cuales son los siguientes:

- Hasta hace dos años, las políticas forestales eran formuladas aisladamente, por lo tanto eran contradictorias con el resto de políticas sectoriales.
- Demanda creciente de tierras para actividades agropecuarias lo que determina la creciente expansión de la frontera agrícola. Por un lado, ligada a una población creciente que histórica y culturalmente se ha dedicado a la producción agrícola de subsistencia, por el otro, ha estado ligada a condiciones diferenciadas, a saber:
  - ❖ El norte: reserva de tierras agrícolas, resultado de las condiciones técnicas, ecológicas, institucionales y económicas existentes, que no favorece el uso de recursos naturales como actividad viable que satisfaga necesidades a largo plazo.
  - ❖ El sur: presión sobre los bosques remanentes, resultado de la desvalorización de la madera en pie, ya que los propietarios son incapaces de utilizarlos

---

[46] **Plan de Acción Forestal para Guatemala**. *Informe de la misión de evaluación del Proyecto GCP/GUA/007/NET*. 1997. Página 12.
[47] **Toumasjukka, T**. *Síntesis de la situación del sector forestal de Centro América*. 1996. Página 17.

directamente, a la vez, sobrevalorización de los productos en centros urbaños.

- Los costos y beneficios de los bosques no son internalizados en las cuentas nacionales.
- Ocupación no planificada de territorios con vocación forestal, con o sin cubierta boscosa.
- Marginalidad de la industria forestal.
- Retorno de beneficios económicos de largo plazo en actividad forestal en comparación con agricultura y ganadería.

Hasta la fecha estos hechos han sido determinantes para la existencia de un sector con un aporte marginal a la economía nacional, pues en realidad si las cuentas nacionales valoran adecuadamente los servicios ambientales y la contribución al balance energético nacional, la importancia de este sector sería mejor apreciada, como consecuencia el potencial forestal de Guatemala continua sin aprovecharse en toda su dimensión. Este potencial esta determinado por un conjunto de ventajas comparativas que pueden convertirse en competitivas con adecuadas medidas de política sectorial, que motiven la inversión nacional e internacional y la modernización tecnológica industrial. Es importante destacar que Guatemala dispone de importantes condiciones favorables que permitirían romper el circulo vicioso y convertirlo en un círculo virtuoso del sector forestal y hacer de él un importante pilar de la economía nacional.

Desafío central

El desafío central del sector forestal es el de romper el circulo vicioso anteriormente esbozado. Dicha ruptura deberá ocurrir principalmente a través del logro de un pleno y sostenido aprovechamiento de los recursos forestales, a la vez que se construye una política estable de largo plazo y se destina suficientes recursos financieros para preinvertir e invertir en la modernización industrial y su plena integración horizontal con las masas boscosas actuales y futuras.

En términos más específicos, el desafío de todos los actores vinculados al sector forestal es lograr que el mismo maximice, en cantidad y calidad, los servicios ambientales de los ecosistemas forestales y la generación de empleo e ingresos a todos los participantes de la cadena productiva forestal, desde el proceso de recolección de semillas, pasando por el establecimiento de plantaciones, silvicultura de bosques naturales y plantados, la industria forestal primaria y secundaria, para finalizar con la comercialización de los productos forestales elaborados. Se incluyen los beneficios a aquellos sectores conexos que se constituyen en industrias de apoyo a las actividades forestales, tales como los servicios de transporte, comunicaciones, energía y proveedores de insumos diversos: Concretamente, lo anterior se traduce en los siguientes desafíos:

Restauración de tierras y control de la erosión

El desafío se refiere a la incorporación a la producción forestal de grandes superficies de tierras que están en progresivo deterioro debido a la falta de cobertura forestal. Esto incluye desde regiones cuyas tierras son de capacidad de uso preferentemente forestal hasta tierras menos susceptibles a la erosión pero que se encuentran subutilizadas.

Manejo de bosques naturales

El desafío de refiere a la incorporación a la producción forestal los bosques naturales que no poseen restricciones técnicas (sin limitaciones fisiográficas u otro factor de fragilidad biofísica) y legales (fuera de áreas protegidas o dentro de ellas en sitio cuya categoría de manejo permite la producción forestal). Ello requiere de condiciones tales como:

- Agilidad en el proceso de otorgamiento de concesiones forestales comunitarias o privadas en las tierras forestales nacionales, en especial en el departamento de Petén.
- Calidad técnica en la planificación por parte del propietario y agilidad en la resolución por parte del servicio forestal en el proceso de incorporación a la producción forestal de bosques naturales privados.
- Desarrollo de investigación aplicada paralelamente a las actividades de manejo, que permitan la retroalimentación de los procesos de planificación.
- Mejorar la infraestructura de acceso a los bosques a fin de reducir los costos de manejo.
- Búsqueda y desarrollo de mercados nacionales e internacionales para especies diferentes de caoba y cedro.

- Propiciar un mayor grado de transformación de la madera en rollo por parte de las comunidades forestales a fin de ampliar la posibilidad de generación de empleo y de ingresos por unidad cosechada.
- Integrar horizontalmente las masas forestales a las industrias manufactureras primarias y propiciar la formación de consorcios foresto-industriales.
- Propiciar la cogeneración eléctrica por medio de la biomasa forestal para satisfacer las necesidades energéticas de la industria en los sitios forestales.

Plantaciones forestales

El desafío se refiere a la ampliación de la cubierta forestal, ya sea con el propósito de restaurar tierras o utilizar productivamente tierras con capacidad de uso preferentemente forestal. Ello requiere de:

- Diversificación de las plantaciones forestales en función de los mercados nacionales e internacionales.
- Concentración de las plantaciones en polos foresto-industriales que reúnan las mejores condiciones para alcanzar la máxima competitividad tales como: concentración de la industria, existencia de infraestructura vial y portuaria, disponibilidad efectiva de mano de obra, entre otros.
- Incrementar la productividad a través del mejoramiento genético, una silvicultura intensiva de podas y raleos, y protección forestal.
- Alcanzar la mejor relación de las plantaciones con una industria de transformación primaria y secundaria a fin de maximizar el valor de la madera en pie y los beneficios para el propietario del bosque.

Industria forestal

El desafío se refiere al establecimiento de una industria primaria y secundaria de tamaño apropiado y tecnológicamente competitiva. Ello permitirá hacer un uso mas integral de árbol y ampliar las posibilidades de entrega de productos forestales para pequeños, medianos y grandes silvicultores. Ello requiere del cumplimiento de las siguientes condiciones:

- Gestionar la inversión privada nacional e internacional en la industria primaria y secundaria, con tecnología moderna.
- Poner a la disposición de los inversionistas la información más actualizada sobre la situación forestal del país.

- Crear los mecanismos de seguridad para los inversionistas extranjeros.

Mercadeo forestal

El desafío se refiere a la captura de mercados tradicionales y nichos de mercado para productos de alta calidad y precios competitivos obtenidos mediante procesos productivos ambientales saños. Ello requiere de cumplir las siguientes condiciones:

- Acceso a los mercados tradicionales con productos de alta calidad y precios competitivos.

- Desarrollo de nichos de mercado para productos de volumen pequeño y precios elevados.

- Venta de productos con procesos de calidad ambiental certificados de acuerdo a las normas internacionales.

- Desarrollo de estrategias de mercado basados en productos finales y no es especies a fin de ampliar la utilización de especies latifoliadas diferentes de caoba y cedro.

Los desafíos anteriormente esbozados conducirán a la construcción de un escenario estable que permite una capitalización creciente de bosques productivos y un parque de industria primaria y secundaria con tecnología moderna y eficiente, lo cual permitirá alcanzar una participación con volúmenes significativos de productos forestales maderables y no maderables en los mercados nacionales e internacionales, con la consecuencia remuneración competitiva para todos los agentes participantes de la cadena productiva forestal.

Ventajas comparativas y competitivas

Guatemala reúne una serie de factores que en términos comparativos pueden, bajo ciertas condiciones de política sectorial e intersectorial, transformarse en ventajas competitivas en los mercados nacionales e internacionales. Esta claro que las ventajas comparativas no son capaces, por si solas, de generar condiciones de desarrollo sostenible. Un ejemplo de esto se refiere a la alta biodiversidad guatemalteca, pero para que su presencia se traduzca en beneficios para sus propietarios deben crearse las condiciones de tecnología, recursos humaños, capacidad de negociación, manejo de información y otros elementos que potencien su capacidad de producir bienes y servicios.

De acuerdo a Porter (1997), el análisis de la competitividad de Guatemala en lo relativo al sector forestal se hace con base en el análisis de las fortalezas y debilidades de cuatro atributos básicos y sus interacciones, a saber:

- Las condiciones de los factores
- Las industrias conexas y de apoyo
- Las condiciones de la demanda
- La estrategia, estructura y rivalidad de las empresas

Cada uno de estos atributos del denominado "diamante de la competitividad" se ve influenciado por diversos factores, que incluyen al gobierno. Estos pueden ser eventos repentinos que influyen en la posición competitiva de ciertas empresas, ante los cuales estas deben ser capaces de responder, por ejemplo: cambios en las tendencias del mercado, decisiones políticas, guerras, otros. El gobierno puede influenciar y ser influenciado, positiva o negativamente, por cualquiera de los atributos del diamante, por ejemplo, las políticas de asignación de recursos para infraestructura y educación, las fijaciones de regulaciones, las políticas financieras y otras.

Algunas de las fortalezas y debilidades ligadas a cada uno de los atributos del diamante de la competitividad en el caso del sector forestal de Guatemala son:

Condiciones de los factores
Fortalezas
• Alta productividad forestal en comparación con otras latitudes. Los turnos forestales son substancialmente menores (25-30 años para coníferas) en comparación con países forestales altamente competitivos como Finlandia y Suecia (más de 80 años).
• Superficie forestal en pie altamente diversa en términos florísticos: 23 especies de coníferas, 26 especies de robles, más de 500 especies arbóreas latifoliadas, alta diversidad de recursos no maderables.
• Alta superficie de tierras con capacidad de uso preferentemente forestal (51% del territorio nacional).
• Posición geográfica que facilita el intercambio comercial con grandes mercados.
• Posibilidad de involucrar en las actividades forestales a parte de la población económicamente activa e inactiva, sub o desempleada, y contribuir con ello a la generación de empleo.

Debilidades
• Industria primaria de tamaño relativamente pequeño y con tecnología poco eficiente debido a un mercado local poco exigente, falta de iniciativa e inventiva, limitaciones política, falta de un adecuado ordenamiento territorial y falta de certeza jurídica.
• Deficiente infraestructura vial con acceso a las masas forestales naturales, no obstante, de contar con mejores condiciones en polos de plantaciones forestales.
• Escasez de recursos humaños profesionales y técnicos para el desempeño en niveles de gerencia, planificación y operación.
• Falta de un centro de información forestal para el manejo de estadísticas, información estratégica y de mercado.
• Falta de una definición clara de la importancia política del sector forestal y el correspondiente apoyo a través de reglas claras y estables.
• Insuficiente cultura forestal derivado de la falta de información de que dispone el público en general sobre el sector y que predispone a adoptar posturas desvirtuadas a través de grupos de interés.
• Crecimiento del sector poblacional con cultura agrícola de subsistencia que demanda tierras con vocación forestal.

LAS INDUSTRIAS CONEXAS Y DE APOYO

Fortalezas

- Próxima habilitación de la línea ferroviaria, lo cual mejorará substancialmente el rubro de transporte.
- Creciente desarrollo de la industria del turismo ligado a la naturaleza, lo cual demanda el desarrollo de infraestructura de interés común.

Debilidades

- Los servicios financieros privados del país no incluyen las actividades ligadas al manejo forestal.
- Limitaciones de tipo energético para la puesta en marcha de industrias manufactureras primarias y secundarias ligadas geográficamente a los centros forestales.

CONDICIONES DE LA DEMANDA

Fortalezas

- Guatemala puede ofrecer madera de coníferas al mercado mundial de mejor calidad que países altamente especializados en la región como Chile. Además puede ofrecer maderas de latifoliadas de alto valor en nichos de mercado.
- El Estado puede convertirse en un mercado nacional muy significativo en los rubros de la vivienda, escuelas y pupitres.
- Promoción de las plantaciones forestales como fuente de materia prima y motor de las exportaciones de productos forestales.

Debilidades

- Escaso manejo de información estratégica para accesar mas eficientemente a los mercados.
- Volúmenes de producción de pequeño tamaño
- Solamente dos especies latifoliadas con mercado bien establecido y seis con mercado incipiente, pese al potencial de más de 20 especies, lo cual sugiere hacer mercadeo por productos finales y no por especies.
- Limitados mercados locales exigentes
- Falta de consorcio o asociaciones para la producción, transformación y comercialización de productos forestales y establecimiento de centros estratégicos de acopio y transformación industrial en función de la materia prima.

ESTRATEGIA DE LAS EMPRESAS, ESTRUCTURA Y RIVALIDAD
Fortaleza
• El nuevo escenario político y económico-social del país incrementan las posibilidades de inversión en el sector forestal, lo cual genera rivalidad entre las empresas.
• Los incentivos forestales por bonificaciones directas al producto forestal tienden a revalorizar los productos forestales, lo cual mejora la oferta de productos forestales.

Debilidades
• La eficiencia de la mayoría de industrias forestales ha estado basada en los bajos costos de la madera en pie.
• Escasa capacidad de inversión para la innovación tecnológica en el sector forestal.
• Escasa o nula integración de los actores del sector
• Integración deficiente del bosque y de la industria y de las actividades económicas forestales en general.

EL PAPEL DEL ESTADO
Fortalezas
• Nueva ley forestal que crea el Instituto Nacional de Bosques (INAB), una institución descentralizada con agilidad administrativa y calidad de servicios.
• Creación del programa de incentivos forestales por bonificaciones directos propietario, para plantaciones forestales y manejo de bosques naturales.
• Instauración de mecanismos de crédito diferenciados para actividades forestales a través del BANRURAL.
• Inclusión de la investigación forestal y de recursos naturales en general en el nuevo plan de trabajo de ICTA.
• Formulación de políticas sectoriales e intersectoriales integradas, sólidas y de largo plazo.
Debilidades
• La debilidad del Instituto Geográfico Nacional en torno a la generación de información actualizada sobre los recursos forestales nacionales.

CONCLUSIONES

La aplicación de proyectos como el cluster forestal de Porter en Guatemala, podría promover fuertemente la modernización de la agricultura en el país. Sin embargo a pessar de lo inclusivo de las acciones y de los actores no se deberá confiar que este esfuerzo aislado podría rendir resultados definitivos.

Se deberá medir a la luz de los criterios universales para la utilización de la tierra en sociedad, el exito o fracaso de la iniciativa forestal Porter en Guatemala. Estos criterios examinan los siguientes puntos:

- Habitáculo o hábitat de la comunidad de hombres.
- Modo de vida y medio de vida de gran parte de la comunidad política.
- Factor principal de producción de alimentos vegetales y animales al servicio del hombre.
- En virtud de su justa distribución es causa de estabilidad social.

La iniciativa forestal Porter en Guatemala cuenta con la limitación del exclusivo enfoque económico para su desarrollo. En este trabajo se incluyen en los anexos, programas de índole social y urbanístico para equilibrar, completar y moderar los rasgos ultratécnicos.

Anexo I

Bosques comunales en Guatemala[48]

Muchas de las comunidades rurales, indígenas y campesinas en general, a pesar de vivir en condiciones socio-económicas y políticas adversas, han desarrollado diferentes estrategias de uso del territorio, lo que les permite conservar y manejar de forma más sostenible sus recursos naturales; ejemplo de lo cual son los bosques que existen en muchas comunidades rurales del país.

Las tierras y bosques comunales han permitido mantener la identidad y organización de las comunidades campesinas; a la vez han contribuido a la conservación de la biodiversidad y el ambiente en genera

Sin embargo, constituyen una realidad muy poco estudiada, aunque sean escenario de una histórica lucha agraria en el ámbito nacional. La evolución de ese tipo de tenencia está íntimamente vinculada a los procesos históricos más relevantes del país, especialmente la política agraria colonial y la reforma liberal de 1871.

La seguridad en cuanto a tenencia de la tierra comunal, entendida como el conjunto de normas que garantizan el derecho de propiedad, está determinada por diversas circunstancias tales come: la situación sociopolítica del área, las manifestaciones del poder local, los procesos de lucha por la tierra dentro y fuera de las comunidades, así como el reconocimiento legal de los propietarios.

Las comunidades rurales que han logrado ejercer plenamente el conjunto de sus derechos de propiedad sobre la tierra, han logrado obtener beneficios con el uso sostenible de los recursos naturales; por el contrario, aquellas que ven limitados sus derechos de propiedad, han tenido serias dificultades para manejar sus recursos, llegándose incluso a su depredación.

El poder local ha sido determinante en la conservación y utilización de los bosques comunales. Las organizaciones locales han conformado procesos dinámicos, así como reglas de uso, sistema de sanciones, regulación de beneficios y vigilancia de la propiedad.

En el actual contexto del proceso de paz es importante considerar los derechos de los pueblos indígenas con respecto a su territorio y cultura. Una forma

---

[48] Resumen de **Elías, Silvel**. *Bosques Comunales en Guatemala.* 1,997.

de asegurar las reservas boscosas en las comunidades rurales del país, será garantizándole a la población el control sobre su propio territorio. Tanto el Estado, como las instituciones de desarrollo y los centros de formación académica deben aunar esfuerzos para fortalecer las prácticas locales en la utilización de los recursos naturales.

Propiedad comunal

En los regímenes de propiedad comunal existe todo un sistema de reglas y sanciones que han permitido una mejor utilización de los recursos naturales. La propiedad comunal representa un símbolo de cohesión, a través del dominio, posesión y uso colectivo del territorio. Esta situación se aprecia mejor en las comunidades indígenas* del altiplano occidental.

A pesar de los despojos muchas comunidades lograron mantener control y derechos de propiedad sobre sus territorios. Por eso existen áreas de acceso colectivo donde las familias extraen madera, leña, pastos y plantas medicinales; otras áreas son destinadas a la protección de fuentes de agua. Las comunidades también han realizado repartos de pequeños lotes con los que cada familia dispone de terrenos para cultivo agrícola, ya sea en usufructo vitalicio o en arrendamiento.

Las áreas para uso colectivo constituyen reservas de tierras que no han sido repartidas entre miembros de la comunidad. Son tierras a las que tradicionalmente se les denomina *el común*, pero a las que tiene cobertura forestal se les llama *bosque comunal o astillero*.

Paulatinamente estas reservas han ido disminuyendo por la necesidad de tierras para uso agrícola, a tal punto que en muchos casos no sólo han reducido, sino desaparecido. No se sabe con exactitud cuál es la extensión total bajo esta modalidad de tenencia en el ámbito nacional; pero hasta 1950 existían tierras comunales en todo el país, especialmente en los departamentos de Occidente y Oriente. Por ejemplo, el departamento de Totonicapán, uno de los más reducidos en extensión (1,061 km2) pero de los más poblados 256 hab/km2), es el que proporcionalmente tiene mayor cobertura boscosa (60%), la mayoría de propiedad comunal. El bosque comunal del municipio de Totonicapán tiene una extensión de 22,500 hectáreas, equivalentes a 500 caballerías.

Muchas comunidades poseen títulos antiguos, expedidos desde la época colonial, que no ha sido convalidados ante el Registro de la Propiedad Inmueble. Esto ha dado lugar a una serie de conflictos de límites y linderos, debido a la transformación en los sistemas de medidas y a la ambigüedad en los mojones o puntos de referencia (ejemplo: "del cerro tal al cerro tal..."), razón por la cual en muchos casos dichos títulos no tiene fuerza probatoria en caso de litigio, además de que actualmente limitan el acceso al crédito.

Beneficios de los bosques comunales

ACCESO A BIENES Y SERVICIOS DEL BOSQUE.

Estrategia comunitaria de sostenibilidad para asegurar la provisión presente y futura de leña, madera para muebles o construcción, agua, alimentos y medicinas; recursos éstos que difícilmente pueden obtenerse en la reducida extensión de las parcelas privadas.

CONSERVACION DE LA BIODIVERSIDAD.

Muchas Especies de flora y fauna, incluidas las que están en vías de extinción, encuentran en los bosques comunales, los escasos lugares existentes para su reproducción. Por ejemplo, el pinabete *(Abies guatemalensis)* se encuentra casi exclusivamente en bosques comunales d Totonicapán, Quetzaltenango, Huehuetenango y San Marcos.

CONSERVACION DE FUENTES DE AGUA

Esta función de regular el ciclo hidrológico tiene especial relevancia en el ámbito nacional, pues la mayoría de bosques comunales se sitúan sobre la cabecera de las cuencas hidrográficas más importantes, por ejemplo los ríos Chixoy, Samalá, Motagua, Nahualate, Achiguate, etc. Proteger las fuentes de agua constituye también una motivación para conservar el bosque.

COHESION COMUNITARIA

Poseer la tierra ha significado la preservación de valores culturales. Ante la agresión externa de tipo político, económico y social, la comunidad ha sido un espacio para conservar expresiones morales, religiosas, productivas y de entendimiento social. El *sentido de copropiedad* implica responsabilidad de participar en actividades, por ejemplo, trabajo colectivo en caminos, puentes, reforestación y escuelas.

Administración de bosques comunales

Cada comunidad que conserva bosques ha diseñado sus propias instancias de poder local. Estas son producto del derecho consuetudinario* que a su vez define las normas para el aprovechamiento de los recursos naturales.

La responsabilidad en aplicar esos acuerdos recae sobre órganos designados por la comunidad: Consejo de Anciaños o Principales, Alcaldía Auxiliar, Alcaldía Municipal, Junta Directiva de la Comunidad, Comité del Bosque o de Reforestación. Por ejemplo, en San Carlos Alzatate, municipio de Jalapa, el órgano responsable es la Junta Directiva de la Comunidad indígena: en el municipio de Quetzaltenango es el Juzgado de Parques y Ejidos; en San Juan Ermita, Chiquimula, la municipalidad; y en San Francisco el Alto, el Comité de Reforestación.

Las prácticas de manejo forestal implementadas por las comunidades evidencian un uso sostenible integral sobre los bosques, y no simplemente mercantil, a fin de asegurar beneficios para las poblaciones futuras. Algunas de esas prácticas son: elaboración de viveros forestales; jornadas de reforestación, desramado y podas; extracción de árboles deformes o caídos; conservación de árboles semilleros; protección de zonas de interés; rondas contra los incendios y sistemas de vigilancia en general. En algunos lugares, la abundancia de arbolitos debido a la regeneración natural permite repoblar otros sitios, tal como se hizo durante muchos años en la aldea San Vicente Buenabaj, municipio de Momostenango, Totonicapán.

Otro de los estímulos para las mejoras en el manejo del bosque es tener seguridad sobre la tenencia de la tierra. De esa cuenta, las comunidades que tienen documentos de propiedad debidamente registrados, pueden ejercer sus normas de uso y manejar sus recursos con mayor facilidad.

Por otra parte, existen casos donde se demuestra que la falta de una organización vinculada al manejo de los recursos, provoca su acaparamiento por algunas personas; lo que conlleva a situaciones de conflicto. Ello ocurre en el astillero de San Andrés Itzapa, donde un reducido grupo controla la extracción.

PRACTICAS CULTURALES EN BOSQUES COMUNALES DEL ALTIPLANO OCCIDENTAL DE GUATEMALA

Tipo de práctica de manejo	Objetivos de la práctica	Observaciones
	A. Labores físicas	
1.Establecimiento de viveros comunales.	Producir plantas para la repoblación	Los viveros comunales también proveen plantas para uso familiar
2. Reforestación de áreas comunales	Reintegrar el consumo, recuperar áreas deforestadas o incrementar densidad	A veces se reforesta con especies foráneas. (Eucalipto, casuarina)
3. Podas y desrames.	Dar forma a los árboles	A veces hay exceso en las podas
4. Limpias	Proteger la regeneración natural	No es una práctica común.
5. Saneamiento.	Eliminar plagas o árboles enfermos	Se ha utilizado en el control del gorgojo del pino
6. Brechas y rondas contra incendios	Prevenir o controlar incendios forestales	En época seca los incendios son muy frecuentes
	B. Acuerdos comunitarios	
1. Autorización de extracciones.	Regular y controlar los aprovechamientos.	Las familias cumplen esta norma
2. Protección de árboles semilleros.	Asegurar la producción de semilla forestal	A veces se protegen los más viejos y no los más saños
3. Protección de fuentes de agua	Asegura la provisión de agua para consumo doméstico	Los nacimientos de agua están bastante resguardados
4. Uso de determinadas especies.	Proteger especies escasas o de valor cultural	Algunas especies raras sólo existen en bosques comunales
5. Sistemas de vigilancia	Preservar el bosque comunal de extracciones	Además de los guardabosques, todos participan

	ilícitas	indirectamente
6. Sistema de controles y registros	Mantener una cuota de aprovechamiento anual	Se trata de satisfacer las necesidades de todos
7. Vedas temporales.	Permitir recuperación del bosque	Varía de acuerdo a criterios locales
8. Imposición de sanciones.	Evitar excesos	Varía en cada comunidad.
9. Cuotas y contribuciones	Obtener ingresos para invertir en las diversas prácticas	Cuotas fijas anuales, por árbol o por volumen extraído

FACTORES ADVERSOS

a)	**Demanda de tierra para cultivos:**	generada por el crecimiento poblacional y la falta de empleo no agrícola; debido a eso algunas comunidades –como San Pedro La Laguna y Santiago Atitlán- han reducido sustancialmente sus reservas boscosas.

b)	**Prácticas ilícitas:**	Efectuadas por usuarios de la comunidad, pero principalmente por foráneos que, con violencia e impunidad, depredan los recursos naturales, tal como ocurre con la extracción de corteza de pino blanco *(Pinus ayacahuite)* y los arbolitos de pinabete *(Abies guatemalensis),* en el altiplano occidental.

c)	**Litigios territoriales:** Surgen por despojos cometidos en contra de las comunidades, pero también por la falta de uniformidad en los sistemas de medida o en los puntos de referencia utilizados en títulos antiguos. Algunos conflictos han desembocado en hechos violentos, tal como ocurrió recientemente en el área boscosa de Argueta, zona disputada por los departamentos de Sololá y Totonicapán. Otros conflictos históricos que constantemente resurgen son los siguientes: Momostenango contra san Bartolo; San Vicente Buenabaj y San Carlos Sija; Nahualá y Santa Catarina Ixtahuacán; Tajumulco e Ixtahuacán; San Andrés Itzapa y Zaragoza; así como entre Santa María Chiquimula y San Antonio Ilotenango.

ALGUNOS BOSQUES COMUNALES EN GUATEMALA		
Ubicación / denominación	*Departamento*	*Superficie en hectáreas (aprox.)*
BC de San Mateo Ixtatán	Huehuetenango	21,382
BC de Tzi ichim, Todos Santos	Huehuetenango	1,810
AM de San Pedro Sacatepéquez	San Marcos	225
AM de San Marcos	San Marcos	550
BC de Zunil	Quetzaltenango	1575
BM de Quetzaltenango	Quetzaltenango	14,895
BC de Totonicapán	Totonicapán	23.000
BC de San Vicente Buenabaj, Momostenango	Totonicapán	450
BP Parcialidad Baquiax	Totonicapán	270
BC de Santiago Atitlán	Sololá	3,500
BC de Santa Catarina Ixtahuatán	Sololá	2,000
BC Sajmaljil, San Andrés Sajcabajá	Quiché	509
BC de San Gaspar Chajul	Quiché	45,000
AM de Tecpán	Chimaltenango	1,485
AM de Patzicía	Chimaltenango	400
BC Santo Domingo los Ocotes	El Progreso	70
BC de la Unión	Zacapa	5,000
BC de Huité	Zacapa	300
BC del Pinalón	Jalapa	800
BC de San Carlos Alzatate	Jalapa	1,500
BC La Brea, Quezada	Jutiapa	556
BC de Minas Arriba, San Juan Ermita	Chiquimula	623
BC de El Rodeo, Camotán	Chiquimula	120
AM de San Jerónimo	Baja Verapaz	323
AM de Salamá	Baja Verapaz	85
EM de San Andrés	Petén	11,000
Ejido Municipal de Sayaxché	Petén	11,000
BC San Juan Bosco, Casillas	Santa Rosa	90

BC = Bosque comunal, AM = Astillero municipal, EM = ejido municipal,

BP = bosque de parcialidad

Anexo 2

Rendimiento de la agricultura urbana[49]

Atrapados por el tránsito de la caldeada ciudad de Madrás, en el sur de la India, conductores, ciclistas y peatones se cubren los rostros para protegerse de los humos y los olores de la urbanización. Canales fétidos emiten los hedores del alcantarillado, y vehículos de todo tipo lanzan humos cargados de plomo hacia el aire polvoriento. La ciudad parece un lugar hostil: inhumana, insalubre, inhospitalaria.

Pero al alejarse de las zonas comerciales, a lo largo de uno de esos inmundos ríos, es probable que se llegue a una soñolienta laguna, repleta de jacintos púrpura, peces que esperan ser atrapados y patos que chapotean plácidamente. En toda esta ciudad moderna superpoblada, hay grupos de pequeñas casas hechas de hojas de palma rodeadas de huertos, platanales, mangos y papayas, arrozales, aves que escarban la tierra y vacas rumiantes.

En el mundo en desarrollo, allí donde la tasa de urbanización es más elevada, la agricultura urbana es fuente de ingresos para unos 100 millones de personas, y fuente de alimentos para cinco veces más habitantes. Va desde las verduras cultivadas en una ventana hasta empresas multimillonarias en dólares que producen y elaboran diversos cultivos y ganado. En algunos países, como Chile, el número de los agricultores urbanos supera el de agricultores rurales. Y a medida que el mundo se urbaniza cada vez más, los cultivos en las ciudades se convierten en mucho más que un mecanismo de subsistencia para lo más pobres y un medio de ganarse la vida para muchos más. Si se administra y apoya en forma apropiada, dicen los expertos, la agricultura urbana contiene la promesa de asegurar carácter ecológico sostenible para las ciudades y megaciudades del futuro, y la esperanza de reverdecer paisajes estériles y deshumanizadores.

Huertos en los techos de Bogotá

Ana Rita Laguna tiene 70 metros cuadrados de techo plano de cemento sobre su hogar, y cada centímetro está atiborrado de lechugas, rábaños, nabos y perejil. Algunas verduras están listas para la cosecha y las recogerá un camión que pasa dos veces por semana. Otras están en semilla y tardarán unos 60 días en madurar. Todas se cultivan con el sistema "hidropónico", ya sea en una mezcla de cascarilla de arroz y hojuelas de carbón, de 15 centímetros de profundidad, o exclusivamente en agua.

Hace cinco años, Ana Rita se unió a un proyecto hidropónico administrado por Las Gaviotas, una ONG colombiana que se especializa en tecnologías de bajo costo. Con el apoyo del PNUD, más de 100 habitantes del barrio pobre y barrido por el viento de Jerusalén, en las colinas de la zona meridional de Bogotá, aprendieron a cultivar verduras de gran calidad en los techos y otros espacios vacantes. Se creó una asociación hidropónica, que ha venido funcionando desde entonces sin ayuda externa, aparte de la visita ocasional de un agrónomo interesado personalmente en ver la marcha de las cosas. Hoy hay unos 25 miembros activos que contribuyen una cuarta parte del valor de las ventas de sus productos para mantener una pequeña oficina y el camión de la asociación.

Dos de las mayores cadenas de supermercados de Bogotá compran las verduras. En un principio, los agricultores tenían dificultades para asegurar buena calidad y una oferta regular todo el año. Pero con el tiempo han aprendido mucho. Ana Rita, que es la tesorera de la asociación, dice que normalmente tiene utilidades de 30,000 a 40,000 pesos mensuales (37.50 a 50 dólares), y que a veces llega hasta 80,000 pesos (100 dólares). En un país en que el ingreso medio per cápita es 1.400 dólares anuales, se trata de una bienvenida adición al ingreso mensual de su marido. Pasa media hora regando las plantas todos los días, y sus hijos comen abundantes ensaladas.

Un poco más arriba, la terraza de la escuela de Jerusalén está llena de una muestra particularmente buena de cultivos que atiende otra participante en la asociación.

Trinidad Várela. Mirando el paisaje pobre y sin árboles del barrio, dice que el cultivo de lechuga es una terapia maravillosa en una ciudad llena de tensión y violencia. Los estudiantes secundarios están aprendiendo aquí a ser agricultores urbanos, y vienen a Jerusalén habitantes de otros barrios a seguir cursos hidropónicos y recibir asesoramiento práctico.

---

[49] Transcripción del texto original de **Programa de Naciones Unidas Para el Desarrollo.** *El Sorprendente Rendimiento de la Agricultura Urbana. Revista Opciones.* Volumen 4. Número 1. Abril de 1,995. Dinamarca. Phonix- Trykkeriet AS.

Bibliografía

Agencia Internacional para el Desarrollo. *Tierra y trabajo en Guatemala: Una evaluación.* Segunda Revisión. 1,982. Guatemala. AID Press.

Centro Exterior de Reportes Informativos sobre Guatemala. *Guatemala: La situación del Agro Y.* Servicio Especial. Epoca 2. Número 11. Mayo de 1996. Guatemala. Impresión Institucional.

Coordinación de Organizaciones No Gubernamentales y Cooperativas para el Acompañamiento de la Población Damnificada por el Conflicto Armado Interno. *Diversos matices del problema de la tierra: Revista reencuentro.* Septiembre - octubre 1,994. No. 23 Epoca I. Guatemala. Fondo de Cultura Editorial.

Elías, Silvel. *Bosques Comunales en Guatemala.* Primera edición. 1,997. Guatemala. F&G Editores.

Entrevista Claudio Cabrera. *Situación Ambiental de Guatemala,* 1,999. Guatemala. Director Instituto Nacional del Bosque.

Entrevista Juan Carlos Godoy. *Población, Medio Ambiente y Desarrollo.* 1,999. Guatemala. Consultor Internacional en Medio Ambiente.

Entrevista Edgar Pineda. *Situación Ambiental de Guatemala.* 1,999. Guatemala. Consultor en Ecología.

Guía Activa. *Sección Departamental.* Edición Unica. 1,997. Guatemala. Corporación de Noticias S.A.

Instituto Geográfico Militar. Ejército de Guatemala. *Agenda República de Guatemala.* Edición Unica. 1,986. Guatemala. Imprenta del Ejército Nacional.

Instituto Guatemalteco de Turismo. *Guatemala. Magia, sonrisas y color.* Tercera edición. 1,996. Guatemala. Imprenta *la*República.

Instituto Nacional de Estadística. *Censo de Población para la República de Guatemala, 1987.* Primera edición, duodécima reimpresión. 1,987. Guatemala Tlpografía Nacional.

Municipalidad de Guatemala. *Metrópoli 2,010.* Segunda edición. 1,998. Guatemala. Imprenta Municipal.

Plan de Acción Forestal para Guatemala. *Boletín Informativo* No. 1. 1996. Guatemala. Litorama.

Plan de Acción Forestal para Guatemala. *Informe de la misión de evaluación del Proyecto GCP/GUA/007/NET.* Primera edición. 1997. Guatemala. Editora Mabisa.

Piedra Santa, Julio. *Geografía Visualizada.* Decimotercera reimpresión. 1,994. Guatemala. Editorial Piedra Santa.

Porter, Michael.. *Dónde radica la ventaja comparativa de las naciones.* Segunda Edición. 1995. Costa Rica. INCAE.

Prensa Libre. *Zacapa. Conozcamos Guatemala.* Edición única. 1,993. Guatemala. Editora Prensa Libre.

Programa de Naciones Unidas Para el Desarrollo. *El Sorprendente Rendimiento de la Agricultura Urbana. Revista Opciones.* Volumen 4. Número 1. Abril de 1,995. Dinamarca. Phonix- Trykkeriet AS.

Sanz Jarque, Juan José. *El problema agrario en los umbrales del tercer milenio. Neoliberalismo y economía social.* Edición Unica. Madrid. 1997. Gráficas Moncaba.

Schneider, Pablo R., Hugo Maúl y Luis Mauricio Membreño. *El mito de la Reforma Agraria. 40 años de Experimentación en Guatemala.* Primera edición. 1,989. Guatemala. Litografía Van Color S.A.

Toumasjukka, T. *Síntesis de la situación del sector forestal de Centro América.* Edición institucional. 1996. Guatemala. AID.